JN081161

TSUKUBASHOBO-BOOKLET

暮らしのなかの食と農―――67

環境危機と求められる地域農業構造

河原林 孝由基・村田 武 著

Kawarabayashi Takayuki, Murata Takeshi

筑波書房ブックレット

目次

はじめに

　食と農のグローバル化・大規模化が進行するなかで先進国ではおしなべて中小家族経営の経営危機と離農が相次ぎ、この間に地域農業構造は激変した。一方で、農業が気候変動への対応と生態系保全の環境適合型への転換を迫られ、疲弊する農村の活性化が求められる現在において、農業・農村政策もまた大きく転換を迫られている。今まさに農業・食料生産システムと地域の持続可能性が問われている。もっかの世界の食と農をめぐる状況はどうであろうか。コロナ禍で食料不安が現実のものとなり、食と農の基盤の脆弱さが露呈した。グローバル化による問題がいっせいにあぶり出され、ウクライナ危機がそれにいっそうの拍車をかけている。

　ひるがえって、わが国農政を顧みると、環境危機に対処すべく農林水産省は2021年5月にその中長期的な政策方針ともなる「みどりの食料システム戦略」（以下、みどり戦略）を決定した。みどり戦略では「食料・農林水産業の生産力向上と持続性の両立」をめざして、2050年までに「農林水産業のCO_2ゼロエミッション化の実現」をはじめ「低リスク農薬への転換、総合的な病害虫管理体制の確立・普及に加え、ネオニコチノイド系を含む従来の殺虫剤に代わる新規農薬等の開発により化学農薬の使用量（リスク換算）を50％低減」、「輸入原料や化石燃料を原料とした化学肥料の使用量を30％低減」、「耕地面積に占める有機農業の取組面積を25％（100万ha）に拡大する」といった目標を掲げる。それを「イノベーションで実現」することを基本的な視点として施策を展開するとしている。

　みどり戦略の実現に向けては、基本理念を法定化し、環境負荷低減

の取組みが継続的・安定的なものとなるよう、その枠組みとして「環境と調和のとれた食料システムの確立のための環境負荷低減事業活動の促進等に関する法律」（みどり戦略法）が2022年4月、第208回通常国会で成立をみた（公布から6カ月以内に施行の見込み）。みどり戦略に掲げる目標実現に向けて取り組む農林漁業者や事業者等を税制面や金融面で支援していくこととし、法律の施行から5年を目途に見直すこととされている。

　現在、各政策の検討が加速化し、イノベーションの創造をはじめ技術中心の議論が全面に押し出された格好になっているが、今後はそれらを地域でどう実践していくかが問われてくる。とくに農業の営みは単に経済行為にとどまらず物質循環の一環として大きな位置を占め、気候システムや生物多様性の面で重要な役割を担っていることに加え、農業が継続して行われることでわれわれの生活にさまざまな有形無形の恩恵をもたらす。国土保全、水源かん養、景観形成、文化伝承等、農村で農業生産活動が行われることでさまざまな価値が生み出される。何気なく暮らしている日常の風景は、決して自然のまま放置（放棄）した状態ではなく、長い歴史のなかで人間の手が入っていることを忘れてはならない。農村での人々の暮らしがそこにあるのである。

　農林水産業には産業政策としての農業政策の視点と地域政策としての農村政策の視点がある。技術主導の議論だけでは十分といえず、農村での多様なステークホルダーを包摂して環境危機への対処をはじめとした環境問題と、地域が抱える経済、社会の問題とを統合的に解決していくことが求められる。

　そこで、本書は、環境危機に直面し、地域農業の姿はいかにあるべきか、その経営形態や農法はいかにあるべきか、これからの農村像をどう考えるのか、**農業構造のあり方にさかのぼって議論する必要性**を

提起するものである。本書が「持続可能な農業、持続可能な地域」を考える一助となれば幸いである。

　われわれはこの間、環境危機下にあって、農業にも課せられた温室効果ガスの排出規制をはじめとする気候変動対策や、持続可能な農業のあり方についての共同研究を進めてきた。

　河原林は、持続可能な農業を考えるにあたって、農業経済学と食農倫理学の接合が求められることに着目した。本書第1章は、河原林が農林中金総合研究所『農中総研 調査と情報』2022年1月号（第88号）に執筆したレポート「持続可能な農業を考えるにあたって―SDGs時代に農業経済学と食農倫理学の接合を期して―」を加筆修正したものである。

　第2章以下は、近年、大干ばつや豪雨災害に連続して見舞われている「環境先進国」ドイツの農林業気候変動対策と地域農業構造のあり方に注目してきた村田の『家族農業は「合理的農業」の担い手たりうるか』（筑波書房、2020年7月刊）や『農民家族経営と「将来性のある農業」』（筑波書房、2021年4月刊）を、河原林との共同研究でさらに発展させたものである。

　第2章は、河原林孝由基・村田武の共同論稿「環境危機の時代に求められる地域農業構造―ドイツ・ブランデンブルク州の農業構造モデルをめぐって」（『農林金融』2021年10月）を加筆修正したものである。

　そのドイツでは、メルケル政権が、環境危機に対応する農業のあり方をめぐっての国民的議論の方向づけをめざす「農業将来委員会」を2020年9月に組織し、1年後の2021年6月末に答申を得ている。農業将来委員会の編成はまさに国民的議論を偏りなく反映することを意図していたのであって、その答申「ドイツ農業の将来ビジョン」もまた

ドイツ農業の現状をしっかり踏まえ、2030年・2050年といった将来の
ドイツ農業のあり方、国民の食料消費・食生活のあり方がきわめてリ
アルに構想されている。答申の要点は、村田が『農業協同組合新聞』（第
2450号、2021年9月20日）に、「ドイツ農業の将来ビジョン―環境、
気候変動が焦点　脱工業化にシフト」と題して紹介した。それを加筆・
修正したのが本書の第3章である。

　さらに、これまでもその論稿を紹介してきたミュンヘン工科大学の
Ａ・ハイセンフーバー教授から、最新の論稿「農家から専門的農業企
業へ…またはその逆か」（2021年刊行の科学啓蒙雑誌 "GEO" の環境問
題特別号 "WARNSIGNAL KLIMA Boden und Landnutzung" に所収）
が届いた。これは上の農業将来委員会の答申と軌を一にするもので
あって、ぜひとも紹介したいと考えたものである。それが第4章であ
る。

（河原林　孝由基）

第 1 章　持続可能な農業を考える

１．持続可能な農業をめぐる議論

　持続可能な農業についての議論をたどると、持続可能な開発に関する国際的な議論が沸き起こる以前にまで遡ることができる。今から40年近く前、ゴードン・K・ダグラス（Gordon K. Douglass）らのグループは、農業とフードシステムに従事する人々と持続可能な農業（agricultural sustainability）のコンセプトを検討するに際し、次の３つの異なる見方があることに気づいた。

　1つ目の視点は「食料充足性（food sufficiency）」である。十分な量の食料があること、成長する世界人口を維持するためには十分な食料を生産しなければならない。2つ目は「生態学的健全性（ecological integrity）」である。工業的な生産方法は大量の化石燃料エネルギーを消費し、水の供給源を枯渇させ、昆虫はじめ動植物の生態系を脅かし、再生産がおぼつかなくなるという主張である。3つ目は「社会的持続可能性（social sustainability）」である。これには米国の人類学者ウォルター・ゴールドシュミット（Walter Goldschmidt）の研究が背景にある。1940年代にカリフォルニア州の２つの町を研究していたゴールドシュミットは、小さな農場に囲まれた町は健康で活気があったが、大企業が経営する大規模な農場が占めるもう一方の町では学校や社会福祉サービス、地元企業の維持に苦労していたことに気づいた。小規模農家の方が農村の組織構造に安定性と回復力・強靱性（resilience）をもたらすという仮説である。

　これらダグラスらの研究を踏まえ、ミゲル・アルティエリ（Miguel Altieri）は持続可能な農業へのアプローチとして、「経済的

図1　持続可能な農業へのアプローチのスタンス

資料　Altieri, Miguel（1987）, *Agroecology: The Scientific Basis of Sustainable Agriculture*, Westview Press. を基に作成

(economic)」「生態学的（ecological）」「社会的（social）」という３つの集合を用いたベン図（**図1**）を示している。私たちが持続可能な農業を考えるにあたって、この図を顧みることでどの領域（スタンス）に立って議論をしているのかが分かるだろう。

2.「食農倫理学」へのいざない

　ここで「食農倫理学」という学問領域を紹介したい。現代の食農倫理学をリードする米国ミシガン州立大学哲学科ポール・B・トンプソン（Paul B. Thompson）教授によれば、食農倫理学とは「食べものの製造、加工、流通、消費の方法について、権利と義務、利益と害、美徳と悪徳という観点から検討する学問」と総括している。食農倫理学の基本的な関心事項は、持続可能（sustainable）で、回復力・弾力性（resilience）があり、良き生活（well-being）に資するフードシステムのあり方とはどのようなものかにある。それは現代の食料の大量生産・大量移送・大量消費・大量廃棄を前提としたフードシステムをそのまま維持することは、生態学的条件を考えるとほぼ不可能との理解からだ。

　フードシステムとは農業経済学でしばしば登場する用語であるが、

食料の生産・加工・流通・消費・廃棄という食料供給の各プロセスを一連のシステムとして捉えるものである。そこに相互に関わる政治・政策、教育・文化などもシステムの一部として考える。

　工業的で添加物にまみれ、資源を浪費するファストな食と、オーガニックでローカルでスローな環境にも動物福祉にも配慮した食のあり方とでは、どちらが正義だろうか。食農倫理学ではこういった意見の単純化に抗する。後者のような“意識の高い”食生活が貧困層にとっては非常に困難であることを考えただけでも、問題は単純ではないことがわかる。フードシステムにはさまざまな多くのステークホルダーが関係していることは明らかだ。それぞれにさまざまな立場（スタンス）があり、また、意見や危機感を共有しているからといってその背後にある価値観まで共有しているとは限らない。

　このような「厄介な問題（wicked problem）」では、全員が満足する解決策がない、ある問題への対処が別の問題を引き起こす、一つの文脈を過大評価したり問題があたかも存在しないかのようにふるまったりすることがある。食農倫理学では単純な勧善懲悪的な図式は避けて、さまざまな立場での対立する意見をていねいに拾い、データと専門的知識にも基づきながら、倫理学的見地から議論をたどっていく。それが「何を食べるべきか」「どう生きるべきか」についてのより良い答えを探求する枠組みとなる。

3. 食を通して見る景色

　「何を食べるか」ということは一見、多分に個人の嗜好や選択の結果であって、極めて個人的な問題であると考えられている。果たしてそうだろうか。

　現在の日本は圧倒的に「消費者」が占めている。戦後の高度経済成

長によって産業構造は農林漁業を中心とする第1次産業から第2次・第3次産業へと急激なシフトを招いた。これを食料の「生産者」と「消費者」という視点で見ると、今年72歳になる人が生まれた頃は2人に1人が食料の作り手（1950年国勢調査の第1次産業就業人口割合48.6％）であったのに対し、47歳になる人は7人に1人（75年の同割合13.9％）、7歳になる子供から見ると実に28人に1人（2015年の同割合3.5％）である。農林漁業や食料の作り手を身近な存在として共に生きてきた世代から、しだいに遠くなり、今では別世界のことと感じる世代が大きくなっている。また、「農村」と「都市」といった住んでいる地域によっても捉え方は違うだろう。世代によって、地域によって、農林漁業に対して刷り込まれている感覚が異なり、見え方（フードスケープ〔foodscape〕）が違ってくるのではないか。

4．改めて持続可能な開発を考える

「持続可能な開発とは、将来の世代のニーズを満たす能力を損なうことなく、現在の世代のニーズを満たす開発である」——持続可能な開発の議論は、1987年の国連「環境と開発に関する世界委員会」（通称「ブルントラント委員会」）でのこの報告に始まる。今日ではSDGs（Sustainable Development Goals：国連「持続可能な開発目標」）の議論が真っ盛りなのは言うまでもない。持続可能な農業の議論もこれに交差していくこととなる。

私たちは食習慣や食の選択によって、生態系をはじめ、環境負荷、気候変動、労働者の搾取、飢餓といった環境的・社会的な問題に多岐にわたって影響を及ぼしている。毎日の食卓からは見えにくい食料の生産から消費・廃棄といった一連のシステムとそれに関わる人々の営みや、その背景にある立場や価値観も含めた現実を知ること、それが

より良いフードシステムに向けての議論の第一歩となる。ひるがえって、議論が平行線やちぐはぐにならないよう、よって立つ自身と相手の立場を明らかにする（分断の無自覚から脱する）ことが重要である。

　経済・環境・社会と複雑に絡み合う困難に直面し、SDGsの目標達成には「経済×環境×社会」的課題の統合的・同時解決のアプローチが必要とされる。経済だけでなく環境的・社会的課題の解決には倫理（学）的見地が不可欠であり、それには食農倫理学によるアプローチが大きな助けとなるであろう。

参考文献

サンドラー, ロナルド・L（2019）『食物倫理入門：食べることの倫理学』（馬渕浩二訳）ナカニシヤ出版

トンプソン, ポール・B（2021）『食農倫理学の長い旅：〈食べる〉のどこに倫理はあるのか』（太田和彦訳）勁草書房、Paul B. Thompson（2015）、*From Field to Fork: Food Ethics for Everyone*：Oxford University Press.

Altieri, Miguel（1995）、*Agroecology: The Science of Sustainable Agriculture*（*Second Edition*）、Westview Press.

Carolan, Michael（2017）、*No One Eats Alone: Food as a Social Enterprise*, Island Press.

Carolan, Michael（2021）、*The Sociology of Food and Agriculture*（*Third Edition*）、Routledge.

（河原林 孝由基）

第2章　環境危機の時代に求められる地域農業構造
―ドイツ・ブランデンブルク州の農業構造モデルをめぐって―

はじめに

　食と農のグローバル化・大規模化の負の側面として、農産物・食料の国際価格の乱高下、気候変動や災害、大規模な土地収奪、環境汚染、水資源の枯渇、多国籍企業による種子の囲い込み、食の安全性などの問題を生み出してきた。今まさに農業・食料生産システムと地域の持続可能性が問われている。こうしたなか、家族農業がこれら問題解決に期待できるとして、国連は「家族農業の10年」(2019〜28年) を定めた。家族農業は経済・環境・社会面で重要な要素を構成しており、農民は食料を生産すると同時に社会の課題解決に貢献できる存在⁽¹⁾として期待される。

　家族農業すなわち家族労働が主な農作業を担う中小家族経営は、食と農のグローバル化・大規模化が進行するなかで、先進国ではおしなべて経営危機と離農が相次ぎ、この間に農業構造は激変した。一方で、農業が気候変動への対応と生態系保全の環境適合型への転換を迫られ、疲弊する農村の活性化が求められる現在において、農業・農村政策もまた転換を迫られている。

　環境先進国ドイツでは連邦政府が気候変動対策や生態系保全をめざす積極的な政策を打ち出し、農業にもその対応を求めるが、企業的大農場が支配的な東部ドイツ (旧東ドイツ)、とりわけ、ブランデンブルク州では農業構造に着眼し、地元農業者が地域の中核経営を構成し「農業構造の多様性」を確保できるようにする「農業構造法」(Agrarstrukturgesetz) を法制化して農村の過疎化と疲弊を打破しよ

うとする動きが生まれている。地域農業構造のなかで「農民的家族経営」(der bäuerliche Bauernbetrieb) が中核になるのが望ましいといった議論も盛んになってきた。ここでは、ブランデンブルク州を中心に農業構造モデルをめぐる議論と法制化の動向を紹介し、現在の環境危機の時代に求められる地域農業構造のあり様について示唆を得ることとしたい。

1. ドイツの農業構造とその変貌

　ドイツの農業経営構造の変化は、まず農業経営数の減少が顕著であるところに示されている（**表1**）。2005年の36万6,000経営から12年には28万7,200経営になった。その間、7万8,800経営（21.5%）も減少している。うち旧東ドイツ（2万8,400経営から2万4,000経営に減少）を除く旧西ドイツ地域の農業経営数は26万3,200経営になった。ドイツの農業センサス基準では、農業経営は2010年にそれまでの農用地面積の下限2haから5ha基準となったことを差し引いても、2000年代に入っての農業経営数の減少は異常なものとすべきであろう。なお、旧西ドイツの1987年の農業経営数（農用地規模1ha以上）は68万1,010経営（うち農用地面積5ha規模以上は69.7%で47万4,737経営）であったことから、この四半世紀における農業経営構造の変化は非常に大きい。経営数増減分岐点は100haになった。

　州別に2017年の農業経営数をみると、バイエルン州に8万8,600経営（旧西ドイツの36.2%、全ドイツの32.9%）と、全ドイツの農業経営の3分の1が集中する。バイエルン州西隣のバーデン・ヴュルテンベルク州の4万経営（旧西ドイツの16.4%、全ドイツの14.9%）を合わせれば、この南ドイツ2州に12万8,600経営（旧西ドイツの52.6%、全ドイツの47.8%）と全ドイツの半分の経営が存在する。農用地面積

表1　ドイツの州別農用地面積と農業経営数（2005・2012・2017年）

（単位：万ha、千経営、%）

	農用地面積	農業経営数			1経営当たり農用地面積（ha）
	17年	05	12	17	17
旧西ドイツ計	1,116.4 (66.9)	337.6 (92.2)	263.2 (91.6)	244.6 (96.9)	46
うち南部2州	454.7 (27.2)	175.2 (47.9)	137.5 (47.9)	128.6 (47.8)	35
バイエルン州	312.8 (18.7)	124.3 (34.0)	94.4 (32.9)	88.6 (32.9)	35
バーデン・ヴュルテンベルク州	141.9 (8.5)	50.9 (13.9)	43.1 (15.0)	40.0 (14.9)	35
都市州	2.5 (0.1)	0.8 (0.2)	1.1 (0.4)	0.8 (0.3)	31
旧東ドイツ計	552.3 (33.1)	28.4 (7.8)	24.0 (8.4)	24.6 (9.1)	225
ブランデンブルク州	132.3 (7.9)	6.2 (1.7)	5.5 (1.9)	5.4 (2.0)	246
メクレンブルク・フォアポンメルン州	134.6 (8.1)	5.0 (1.4)	4.7 (1.6)	4.9 (1.8)	277
ザクセン州	90.1 (5.4)	7.9 (2.2)	6.1 (2.1)	6.5 (2.4)	140
ザクセン・アンハルト州	117.6 (7.0)	4.5 (1.2)	4.2 (1.5)	4.3 (1.6)	274
チューリンゲン州	77.8 (4.7)	4.8 (1.3)	3.5 (1.2)	3.5 (1.3)	221
合計	1,668.7 (100.0)	366.0 (100.0)	287.2 (100.0)	269.2 (100.0)	62

資料：DBV, Situationsbericht 2006/07,2013/14,2018/19 版
注：1）カッコ内の数値は構成比（%）。
　　2）ドイツ政府は、1998年農業センサスまでは農用地面積1ha以上、99年からは2ha以上であった農業経営基準を、2010年から主業・副業経営に関係なく農用地面積5ha以上に変更している。

　では、バイエルン州が312.8万ha（18.7%）、バーデン・ヴュルテンベルク州が141.9万ha（8.5%）と全ドイツの農用地の27.2%、4分の1強である。両州の1経営当たり平均農用地面積は35haと、都市州（ベルリン・ハンブルク・ブレーメン）と並んで小さい。
　一方、東部ドイツ（旧東ドイツ）では、ブランデンブルク州（5,400経営）の1経営当たり平均農用地面積は246ha、メクレンブルク・フォアポンメルン州（4,900経営）は同277ha、ザクセン州（6,500経営）は同140ha、ザクセン・アンハルト州（4,300経営）は同274ha、チューリンゲン州（3,500経営）は同221haとなっている。これは、旧東ドイツではかつての大規模集団経営である農業生産協同組合（LPG）や国営農場（VEG）を中心にした社会主義の大規模経営構造を引き継いだ有限会社や協同組合などの大型法人経営中心の構造になっていることによる。なお、経営数が12年の2万4,000経営から、17年には2万4,600

経営に600経営増加しているのは、この間に大規模経営の経営分割が
あったことによるものである。

２．ブランデンブルク州の農業構造

(1) 歴史的背景

　ブランデンブルク州は、ドイツに16ある連邦州のひとつで、旧東ド
イツ（ドイツ民主共和国〔DDR〕）の東部の州で、1990年の東西ドイ
ツ統一の際に誕生したポツダムを州都とする「新連邦州」である。な
お、ドイツ連邦の首都ベルリンが地理的にはこの州内にあるが、ベル
リンは都市州として独立した別個の州である（**図２**）。

　ブランデンブルク州は北に隣接するメクレンブルク・フォアポンメ
ルン州とともに、エルベ川
の東の地域であったので
「オストエルベ」（東エルベ）
と呼ばれ、大規模な領主農
場（領主をグーツヘルとい
い、その俗称がユンカー）
が支配的な農業構造をもっ
ていた。第二次世界大戦後、
旧東ドイツでは土地改革に
より領主農場制は無償没収
によって解体され、零細農
民や東部からの避難民に農
地が分与された（創設され
た農家を「新農民」という）。
しかし、新農民に与えられ

図２　ドイツ地図

資料　筆者作成

た農地はほとんどが5 ha未満で、農業機械や肥料なども決定的に不足していたので、安定した農家経営を築くのはむずかしかった。そこでDDR政府はソ連邦のコルホーズ（集団農場）をモデルに、「農業の社会主義的改造」だとして、1960年から本格的に農民の集団化（個々の農家経営を農業生産協同組合〔LPG〕に統合）を強行する。しかも、1990年の東西ドイツ統一後も、大規模なLPG農場を解体し、農地を農民に返還して農家経営を再生させるのではなく、一般協同組合法に基づく登録協同組合[2]や有限会社といった法人形態で、大半のLPG農場がそのまま継承されたのである。

　表2は2016年におけるブランデンブルク州の農業経営構造である。経営数では18.7％の法人経営が農用地では56.5％を占める。その平均経営規模は747haである。

　そのような大農場主体の農業構造については、旧東ドイツ全域で以下のような大きな問題を生みだしてきた。

「・経済的弱体化、文化的貧困化、そして最後に農村地域の過疎化と
　　人口流出、自立性と農村住民の参加の喪失
・エネルギーや食料の地域的、分散的供給能力の低下
・農村景観の単調化

表2　ブランデンブルク州の農業経営構造（2016年）

	経営数	（%）	農用地（万ha）	（%）	平均経営規模（ha）
合計	5,318	(100.0)	131.5	(100.0)	247
法人経営	995	(18.7)	74.3	(56.5)	747
うち登録協同組合	198	(3.7)	27.7	(21.1)	1,399
有限会社	740	(13.9)	45.0	(34.2)	608
社団法人	34	(0.6)			
自然人	4,323	(81.3)	57.3	(43.6)	132.5
うち個人会社	635	(11.9)	23.4	(17.8)	369
個別経営	3,688	(69.3)	33.9	(25.8)	92

出所）Agrarbericht des Ministeriums für Landwirtschaft, Umwelt und Klimaschutz des Landes Brandenburg, Unternehmensstruktur

・農業環境における種の消滅

・土壌の破壊（有機質の喪失、土壌の硬化、汚染物質の増加）

・地下水の汚染

・専門家気質や利益だけを考える傾向が強まり、農業者の一般的知識
や実践能力が失われる

・そしていうまでもなく大量生産される農産物の質も低下する⁽³⁾」

　それに加えて、とくにこのブランデンブルク州とメクレンブルク・
フォアポンメルン州では、08年のリーマンショック後の低金利のもと
で、西部ドイツの農外資本に投機的な投資機会を提供したのが、これ
らの大農場の買収ないし資本参加であった。そしてそれにともなう農
地価格・借地料の高騰が地元の農業者の規模拡大や、農民経営の新規
参入を困難にしたことが、これら地域の若者の西部ドイツへのさらな
る流出、農業就業者の高齢化、そして農村地域の過疎化を激化させる
ことになったのであり、政党、農業団体等の危機感を高め、州政府に
対応を迫ることになったのである。

(2) 農業構造をめぐる議論

　ブランデンブルク州議会は州の農業構造と農業の担い手の現状につ
いて20年1月22日付け議事録⁽⁴⁾で以下の総括をしている。

　「農外の投資家は、とくに08年の世界的金融危機・リーマンショッ
ク以降の低金利のもとで、農業経営の買収、またはその持ち株の一部
買収（Unternehmensanteil, Share Deals）、農用地の獲得などを利益
のあがる投資機会とみなしてきた。その結果、限られた農地をめぐる
競争が激化し、耕地の価格や地代を引き上げ、地域における土地の減
少と土地集中がひどくなり、がんばってきた土着の農業者の経営拡大
と地域に根ざした農業の発展を阻害している。」

　1990年代〜2006年まで１ha当たり2,600〜2,700ユーロ水準で安定していたブランデンブルク州の農用地価格は、07〜08年に3,000ユーロ台、09年4,700ユーロ、10〜11年6,000ユーロ台、12年7,300ユーロ、13年8,500ユーロ、14年１万ユーロとなり、17年には１万1,372ユーロまで上昇した。借地料も１ha当たり60〜80ユーロであったのが、09年には100ユーロとなり、その後も上昇して17年には156ユーロとなった。ところがこの間の農業収益（ha当たり、有機農業経営を除く）は、10年の1,912ユーロから17年の2,222ユーロで停滞していたのである。

　州議会会派「同盟90／緑の党」の19年６月のニューズレター「短信」（KURZ & KNAPP）では、その要因を以下のように説明している[5]。

　すなわち、農外の投資家が安定した投資場所をブランデンブルク州の農地にみつけたこと、しかも農地の直接買収ではなく農場資産の一部買収（出資金買収、Share Deals）によって不動産取得税の支払いを回避できたからである。そして同州の農業経営構造が大規模経営に偏しており（ブランデンブルク州では経営規模200ha未満の農場はわずか12.7％であった。全ドイツ平均では逆に200ha以上経営が12.7％であった）、農外資本の買収に対して抵抗力を弱めていたこともあり、結果的に大規模な農地の所有構造の不明瞭化が進み、州の農業の多様性が弱まり、安価な量産農産物の生産に集中することで地域の価値生産や担税力を弱め、したがって農村地域を弱体化させることになった。加えて、農民経営にとっては農地や草地の買収に金が掛かり、農産加工・販売、農村ツーリズム、環境・動物保護に必要な投資を困難にしたのである。

　また、同ニューズレターでは、具体的にブランデンブルク州東端のメルキッシュ・オーデルラント郡の事例をもって示している[6]。

　同郡農用地のうち62％すなわち８万haは法人経営のものであるが、

07年〜16年の間に、郡内農用地合計の25％がその所有者を変えており、5％（6,300ha）が出資金買収によるものであった。その結果、16年の郡内の法人経営の所有構造（農用地面積の割合）を概観すると、域内つまり地元の農民家族が実際に経営を担っているのは半分弱にすぎず、他方で、域外からの企業によって買収され実際に経営されている農場がほぼ3割に達するまでになっている。これについて、「同盟90／緑の党」が「農業の安値売却がたけなわ」と表現したのもうなずける。

　こうした実態が、土着の農業者・農民家族経営や地域に根づいて経営する法人が農業経営の中核をなすべきだとする「農業構造モデル」を明確にした農業構造法を制定すべきだとする議論を高めることになったとみられるのである。

3．農業構造法をめざして

(1) 望ましい農業構造とは

　問題は、リーマンショック後にブランデンブルク州で、数多くの農業経営や土地が主として西部ドイツの農外企業の買収の対象になってきたこと、そして地元の農業者が関心をもっていた土地が州外の農業経営に買われたことにあった。後述のように、同州では農地の法整備が遅れ、地元の農業者の経営の利益になるような農地の「先買権」の利用ができなかった。同州の先買権には農業構造に関わる目標設定、すなわち地域外遠隔地からの純粋の企業家が農場経営に関わることが農業構造上不都合であるとみなし、それを抑えるとするような目標は設定されていなかったからである。

　既存のドイツ（旧西ドイツ）の農地法制、すなわち土地取引法（1961年）、全国入植法（1919年）、農地借地法（1985年）はいずれも、農業

者ができるかぎり自作地を保有して経営的に安定し、農地価格や地代の高騰を防ぎ、農業者がその経営を獲得したり、借地したりするうえで経済的な不利を被らないようにすることを目的にしてきた。そして90年の東西ドイツ統一後の06年に、これらの農地法制権限が連邦制度改革にともなって連邦から州に移管されたにもかかわらず、ブランデンブルク州は独自の法改正権限を行使せず、とくに西部ドイツの農外資本による農用地買収を規制しなかったところに問題があったというのである。

　そこで、州議会は幅広い討論を組織し、遅くとも2020年末までにブランデンブルク州のあるべき農業構造モデルを明確にし、農業構造法制定のための農業構造目標を定めることをめざした。そしてその中核にある考え方は、土着の農業者——農民家族経営であるか地域に根づいて経営する法人であるかを問わず——の立場を農外投資家に対して強化すべきだということであった[7]。

(2) 望ましい農業構造をめぐるアンケート

　ブランデンブルク州農業・環境・気候保護省は農業構造法の法制化に先立ち、20年3月に「ブランデンブルク州における農業構造の目標設定」に関するアンケートを実施している。以下の諸点についての賛否が問われており、どのような論点があったかをうかがい知ることができる[8]。

〈アンケート内容〉

上位目標について

　その所有者が自ら経営する農場で生活し、経済的にそれを支えられる所有構造にあるしっかりした農業経営が、安定した農業構造の基礎である。

A. 経営構造と土地の配分に関する目標について

1. 農用地についての土地投機は阻止されるべきである。
2. ブランデンブルク州の経営に関する構造は、経営規模やその法的形態だけでなく、生産の発展方向でも、主業経営であるか副業経営であるかでも多様であるべきである。
3. 少数経営による地域内での土地集中は回避されるべきである。
4. 農用地所有の幅広い分散が奨励される。
5. 農業経営は、直接的であるか間接的であるかを問わず、農外所有者による支配、また農外利益を追求するものであってはならない。
6. 経営はその経済的安定性を確保するために、自作地率をできるかぎり高めるべきである。
7. 若い農業者や新規就農者が土地を獲得するのを容易にすべきである。
8. 非農業者が土地購入者もしくは先買権行使者になりうるのは、その目的が土地の農業構造目標にふさわしいものであり、農外目的をめざすものでない場合であって、厳しい条件のもとで農業者と同等に扱われる。
9. ブランデンブルク州内の農地をもたない農業経営が、州内で雇用者に経営をまかせる場合には、非農業者と同等とみなされる。
10. 農用地の購買価格は一般的な取引価格を上回るべきではない。現実には、それはすでに農業内での取引価格を上回っている。

B. 先買権について

先買権の行使にあたっては、競争がある場合には、以下の要件をもっとも良く満たした農業者に優先権が与えられるべきである。

―購買農地と地域的に関係のある自作経営
―自家労働力を保有する経営
―経営が地域の価値生産に貢献できること（例えば農場店舗、地域内の食品加工企業との協同）
―経営が地域社会の多様性を高めるために貢献できること（例えば直売、ツーリズムの提供、農村地域での催しの開催）
―若い農業者（40歳まで）または新規就農者
―主業経営者
―園芸経営
―認証有機経営
―土地と結びついた畜産（圧倒的に自作農地による家畜飼育であること）
―実際的な理由のある土地需要

―農業教育を提供する経営

C．借地について
1．借地料はその土地から持続的に得られる作物収量にふさわしいものであるべきである。
2．借地契約は借地取引当局に確実に届けられるべきである。

４．農業構造の目標設定と農業構造法の成立

（1）農業構造の目標設定

　ブランデンブルク州農業・環境・気候保護省は農業構造法の法制化をめざして、先述のアンケート結果などを踏まえて、以下のような「ブランデンブルク州に求められる農業構造」を公表した（ゴシック体による強調は筆者による）。政策面では地元農業者が地域の中核経営を構成し「農業構造の多様性」を確保できるよう土地所有の分散を促し、望ましい農業構造にとって不都合な⁽⁹⁾土地分割を抑制する。

〈ブランデンブルク州に求められる農業構造〉

１）ブランデンブルク州の農業構造・農地市場

　ブランデンブルク州の面積の約45％は農業用地である。2016年では5,318農場が132.3万haを経営し、その平均経営規模は249haであった。登録協同組合経営が平均1,400ha、有限会社経営が610ha、個人経営が約90haであった。法人経営が経営総数の18％、農地の約57％を占める。

　登録協同組合経営数は今世紀に入って20％、259から198経営に減少した。他方で、有限会社経営が28％、580から740経営に増え、総農地の約34％を占める。60％の経営は副業経営であって、農地では23％を占める。農地転用は2000年の24.2万haから、2017年には28.2万haになった。これは毎日、農地が6.4ha減少していることを意味する。州内の農地借地率は67％である。個人経営の自作地率は約40％、法人経営のそれは28％である。多くの経営が借地経営である。農業収益は、農地の

買取りを行う資金を得るには通常十分ではない。そうした状況のもとでの低水準の農地価格が農外からの資本投下につながったのである。

　ブランデンブルク州の農地の平均価格は、1996年〜2006年の間は1ha当たり2,500〜3,000ユーロで安定していた。その後になると地価は4倍にもなり、2006年時点の2,792ユーロが、2016年には1万2,458ユーロにもなった。

　連邦政府の土地評価・管理有限会社（BVVG）[1] がブランデンブルク州で管理している農地は2018年1月1日現在で3万9,300haであって、それはBVVGの民営化原則にもとづいて売却が求められている。ブランデンブルク州が所有する農地は約3万4,000haである。州内の土地の農業用先買権は、実質的にザクセン・アンハルト土地有限会社（die Landgesellschaft Sachsen-Anhalt mbH）[2] がもっている。

　ブランデンブルク州では全農地の70％は経営規模500ha以上の経営によっている。法人経営と大規模経営が支配的であることを計算に入れると、必要な世代交代はまず第一に、完全にか部分的にかではあっても、非地元の農外投資家の投資目的によるものとなる。それ以外に農場吸収のための資本は集めようがないからである（2017年のチューネン研究所の研究に詳しい）。

　非地元の農外投資家への出資金売却（Anteilverkauf）がかなりの大きな農地面積について新たな出資金保有構造（Holdingstruktur）を生み出した。その農地の経営は、地元の農村住民による関与が少なくなった。かくして農業がますます農村の構造とはかけ離れたものになっている。それは働き場、地域の価値創出や税収の喪失につながり、農村を危機にさらしている。

　ブランデンブルク州はしたがって、土地市場政策のあり方の改善に努め、それによって、農業構造にとって不都合な土地分割を抑え、農民と地域に結びついた農業の発展可能性を保証すべきである。そこで州は、以下のような求められるモデルを確認している。

２）ブランデンブルク州の農業構造ならびに土地市場政策に求められるモデル

　ブランデンブルク州の農業構造政策は**農村地域の経済的、社会的ならびに生態学的安定に寄与し**、農産物の州およびベルリンへの地域的供給を確かなものにしなければならない。それには、**農民的経営が支配的な多様な農業構造になるように方向づけられるべき**である。それは土地所有を幅広く分散させるという目標とも結びついている。とりわけ農村住民が、世代を超えて農業による土地利用ならびに借地によって所得や資産を確保できるようにしなければならない。

州の農業構造政策に求められるモデルは、主業ならびに副業農業経営が、
―地元の男女の農業者に担われること
―耕種部門と農地に結びついた畜産が複合していること

―兼業機会の多様性をもつ農業経営であり、地域の価値創出を促進するものであること
―自然保護、環境保護、気象保護に大きな社会的貢献を行うこと
―その土地所有者が農村自治体で社会的に積極的に参加し、農村の社会経済的発展や人口増に貢献すること

3）土地市場政策の目標
―既存の、また新設の農民的農業経営を主業・副業ともに保全すること
―土地所有を幅広く分散させること。また非農業者には、その所有の分散を求めること
―農地の獲得ならびに借地においては地元の農業者を優先すること
―地域の土地市場で市場を支配できるような状況は阻止すること
―土地投機の防止
―農地の売買価格、借地地代は農業収益の枠内であるべきこと

　購入や借地で農地を手に入れることは農業経営にとって決定的な意味をもっている。農業構造の目標を達成するには、中小農業経営やしっかりした営農構想をもった新規就農者が農地を入手できるようにしなければならない。

4）農業構造・土地市場政策の具体的展開
―土地市場の透明化
　土地市場の透明化が、市場データ調査の改善ならびに市場データの公的な集積によってなされるべきである。ブランデンブルク州は連邦ならびに諸州と連携して、統一し比較可能な方法を採用し、官僚主義的な経費をできるかぎり削減し、データ保護を確実にすべきである。ブランデンブルク州の毎年の土地売買価格統計が土地市場の状態を実際に説明することになる。農地についての売買価格統計には売却者と購買者のタイプについての指標が追加され、公表されるべきである。さらなる透明化が土地市場法の執行のためになされるべきである。
―土地市場の所有分散化と規制強化
　土地は限りある資産である。土地所有の分散化を図り、農業構造上不利な土地分割を抑止するためには、土地市場についてのしっかりした規制が必要である。なお現在の経済環境を保証するために、ブランデンブルク州政府は農業土地法の現代化を行う。その際に、州は農地市場に関する連邦・州作業グループの提言に従い、その実施を積極的に行う。
―公益土地会社
　ブランデンブルク州は公益土地会社を設立する。ブランデンブルク州土地会社

の優先的目的は、このモデルに沿った農業構造を推進し、持続的な土地管理や総合的な地域発展に寄与するところにある。

―公有の土地

　ブランデンブルク州は公有の土地をこれ以上売却することなく、農業構造上の目的の達成に役立てる。

―土地保護と気候保護

　ブランデンブルク州の農業政策の最大の目標は土地のもつ機能を維持し改善するとともに、気候保護である。州はすべての人間の生活条件としての肥沃な土地を維持する腐植質に富んだ農業を促進させる。土地利用はしっかりした専門的実践のもとに行われる。農地の農外転用は確実に抑制され、2035年までにゼロにまで減らされる。褐炭鉱山のために破壊された土地は農林地に戻す。

注
（1）土地評価・管理有限会社（die Bodenverwertungs-und-verwaltungs GmbH, BVVG）は、連邦政府企業であって、2030年までに旧DDR時代の人民所有（国有）農林地を民間に払い下げることを法的任務とする。
（2）ザクセン・アンハルト土地有限会社（die Landgesellschaft Sachsen-Anhalt mbH）は、1992年に設立されたザクセン・アンハルト州所有の土地管理会社で、同州ならびに周辺諸州の公有地の管理を引き受けている。

(2) 農業構造法の成立

　農業構造法は2020年6月22日にブランデンブルク州議会で可決・成立した。採決は全会一致だったとみられる。法律の正式名称は「ブランデンブルクの農業構造を改善するための法律（ブランデンブルク州農業構造法）」（Gesetz zur Verbesserung der Agrarstruktur in Brandenburg〔Agrarstrukturgesetz Brandenburg－ASG Bbg〕）である。以下にその要点を示す（ゴシック体による強調は筆者による）。

〈ブランデンブルク州農業構造法（抜粋）〉

第1条　法の目的

　本法は農業構造にとっての、またブランデンブルク州の農村が農業構造上不都合な土地分割によって被る危険と重大な不利益を防ぐことに貢献する。農業構造

上の目的は、とくに**持続的に経営する農民経営の確保と地価や借地料の高騰を抑制**することにある。本法はさらに、**ブランデンブルク州の農業構造モデルへの転換**、とくに社会的市場経済原則としての土地の所有権の幅広い分散に貢献する。

第4条　認可義務をともなう法的行為
　以下の法的行為は認可が必要である。
1．土地の共有部分の譲与もしくは譲渡
2．遺産が主として農林地である場合の相続部分の共同相続者以外への譲渡
3．農林地の用益が対象である土地同等の権利の譲渡
4．用益権の引渡し

第9条　認可拒否または制限
（1）以下については認可が拒否されるか制限がなされる。
1．第1条に規定された土地分割が農業構造上不利益をもたらすような譲渡
　a）相続者が農業活動を行わないか、行わないと見込まれる自然人ないし法人である場合
　b）相続者が地域の土地市場で支配的な地位にあるか、相続でそれを手に入れるかをすることで、地域の土地所有分散が弱められる場合
2．土地の、または連坦した、経済的に一体の土地の大部分が譲渡され、譲渡を受けた者がその土地を非経済的に縮小したり分割する可能性がある場合
3．**対価が土地の価値に対してあまりに不均衡**である場合
（2）その経営が**750ha以上を所有**しあるいは土地取引でそれに到達する場合は、**市場支配的で土地の分散を阻害する地位にある存在**である。
（3）相続紛争や剰余またはその他の法律行為による譲渡で土地が非経済的な縮小や分割が行われて、
1．自立した経営としての存続が困難になる場合
2．**2ha未満の農地**になる場合、または
3．通常の林地経営が保証されているとみなされるであろう**5ha未満の林地**になる場合
4．耕地整理で分割されたか、公的な手段で拡大されたか、もしくは移住した経営の相続地が、農業構造の改善方策に矛盾する場合
（4）地域の**通常地価を10％以上上回る価格**で取引される場合

第11条　先買権
（1）第9条第1項に反しない場合、地元の農業者が先買権を有する。地元とは、取引される土地の**10km圏内に経営の農業者**をいう。地元の農業者とは売却さ

れる土地の10km圏内においてまともな経営を設立する意思のある者をいう。
(2) 第9条第1項に反しない取引を申請する農業者や個人がいない場合には、第18条で規定する協同開発有限会社（Gemeinnütziges Unternehmen mbH）—ブランデンブルク州土地会社であって、農村開発に必要な土地を取得・活用する—が先買権をもつ。

第20条　借地契約の届出
(1) 借地契約を地主は届出しなければならない。

第21条　借地契約の届出免除
(1) 2 ha未満の土地の借地取引

第22条　借地契約への異議
(1) 関係当局は以下の場合には、借地契約に異議を申し立てることができる。
1. 土地の賃貸が土地利用において農業構造上不利益な土地分配となり、農用地の不利益な集中を意味する場合であって、**借地人の借地面積が1,000haを超える**場合
2. 土地または位置的にあるいは経済的に連坦している土地の賃貸によって、土地利用が不経済的に分割される場合
3. 借地料が**通常の経営で持続的に得られる作物収量にふさわしくない**場合、または
4. 借地料が当該市町村の**平均借地料を30%以上上回る**場合

第24条　優先的借地権
(1) 賃貸される土地から**10km圏内にある地元の農業経営**は優先的借地権を有する。地元の農業者とは、賃貸される土地と同じ市町村でまともな経営理念にもとづく経営を行っているか、隣接市町村で新たに経営を創設する意思のある者をいう（10km圏内の代替措置）。

このようにブランデンブルク州では、①農地取引についての認可制度の導入、②先買権の設定、③借地についての認可制度、④優先的借地権の設定などを通じて、望ましい農業構造の実現をめざそうとしている。

このような農業構造法の政策形成プロセス等については、政党から自立した中小農民団体であるAbL（農民が主体の農業のための行動連

盟）がコメントを発表（オンライン通信〔Unabhängige Bauernstimme〕19年9月9日付け "Ost-Agrarstruktur ist kein Zufall〔東部での農業構造法は偶然ではない〕"）しているので紹介しておく。要旨は以下のとおりである。

　いわゆるShare Deals（出資金買収）は農場の出資金の95％までの買収であるならば土地取得税を免除されたことが、この方式での西部ドイツの農外投資家による買収を促したのである。

　2014年に、ザクセン・アンハルト州の農相であったキリスト教民主同盟（CDU）のO・エイケンス（Otto Aeikens）がとくに農場の分割買収を認可制にしようという農業構造法の制定をめざしたが、農業者同盟（DBV）[10]の反対に遭って失敗した経緯がある。

　ブランデンブルク州では緑の党の州議会議員であったA・フォーゲル（Axel Vogel）が、長年の委員会等の議論を踏まえて農業構造法を提案した。これが多数の賛成を得ることになったのは、州の農業構造モデルを明確にし、地元農民経営の強化をめざし、農外投資家の影響に制限を加えるとしたところにあった。彼が強調したのは、「農業構造は土地の経営のあり方がポイントであって、これまでの投資家による大経営は、まず畜産を、次いで野菜栽培を放棄し、バイオガス発電[11]をやるだけだったではないか」であった。これにブランデンブルク州農業者同盟会長のH・ヴエントロフ（Hendrik Wendtorf）も賛成し、キリスト教民主同盟（CDU）や左翼党（Linke）も最後には意見を変え、州農業省を握る社会民主党（SPD）も以前の反対の態度を変えて、法案提出に向けての基調報告を農相が行うに至った。この農業構造法で、東西ドイツを隔てた壁の崩壊後30年にして、多様な農業構造のための象徴がようやくブランデンブルク州で生まれたのである[12]。

おわりに

　2021年4月に農業構造法は施行された。同法の前提となる農業構造の目標設定では「農民的経営が支配的な多様な農業構造が地域農業の環境適合型農業への転換を可能にし、それが同時に農村地域の活性化に道を開く」という考え方にもとづいている。ここでは文献調査を主体としており、この新法の実際の評価については今後の現地調査を踏まえる必要があるが、一連のブランデンブルク州での取組みに通底する「現在の環境危機の時代にどのような農業構造が環境適合型農業への転換を担えるのか、それにはどのような政策的支援が必要なのか」というテーマは重い。

　地域農業構造のあり様に着眼することによって農業・農村が抱える課題解決をめざす政策アプローチは環境適合型農業への対応をはじめ、農業経営の大規模化・画一化や農外資本・域外資本の参入、農地取得・取引に関する論点など、我々に多くの示唆を与えてくれるものである。

注
（1）国連「家族農業の10年」はそのスタートに当って、現下の情勢を整理し、改めて家族農業の価値を問い、「家族農業をSDGsの主役に」と家族農業を関連政策の中心に位置づけ政策支援を具体化するよう提言をしている（河原林（2019a））。https://www.nochuri.co.jp/report/pdf/nri1901re9.pdf
（2）ここでいう「協同組合」は、ドイツ国民にとっては旧東ドイツの社会主義的「集団農場」を想起させるものだが、これとは区別する意味で、ライファイゼン・バンクやライファイゼン・エネルギー協同組合といったように、世界で初めて農村信用組合を設立した"協同組合の父"F.W.ライファイゼンの名を冠して、彼の協同組合理念のもとで運営していることを強調する協同組合も多い。

（3）Beleites, M.（2012）, Leitbild Schweiz oder Kasachstan?: Zur Entwicklung der ländlichen Räume in Sachsen; Eine Denkschrift zur Agrarpolitik , AbL Bauernblatt Verlag, S.77-78. このM・ベライテスの見解は、村田（2020）が要約して紹介している。

　　なお、東部ドイツではDDRの社会主義集団農業の時代にすでにさまざまな問題を生みだしていたことについては、谷口（1999）が「社会主義大規模農業経営（農業の工業化路線）の蹉跌」として指摘している。

（4）Ministerium für Landwirtschaft, Umwelt und Klimaschutz（MLUK）Brandenburg（2020）、"Agrarstrukturelles Leitbild als Grundlage für ein neues Bodenmarktrecht in Brandenburg," Web版

（5）Bündnis 90/Die Grünen im Brandenburger Landtag（2019）、"Ein Agrarstrukturgesetz für Brandenburg Den Ausverkauf der Brandenburger Landwirtschaft stoppen," *KURZ & KNAPP*, Stand: Juni. Web版

（6）ブランデンブルク州の地方自治体は、広域自治体の14郡（Landkreis）と基礎自治体の420市町村（Gemeinde）の２層構造をとる。市町村は、市と町と村の総称ではなく、日本の市町村に相当する地方公共団体の意味である。

（7）Ministerium für Landwirtschaft, Umwelt und Klimaschutz（MLUK）Brandenburg（2020）、"Agrarstrukturelles Leitbild als Grundlage für ein neues Bodenmarktrecht in Brandenburg," Auszug aus Landtag Brandenburg, Drucksache 7/471-B vom 22. Januar.

　　なお、ブランデンブルク州議会の第７選挙期（2019年〜）の党派別構成は以下のとおりである。SPD（ドイツ社会民主党）25、CDU（キリスト教民主同盟）15、Linke（左翼党）10、AfD（ドイツのための選択肢）23、B90/Grüne（同盟90／緑の党）10、BVB/FW（市民運動ブランデンブルク州連盟／自由選挙民）5（合計88議席）

（8）Ministerium für Landwirtschaft, Umwelt und Klimaschutz（MLUK）Brandenburg（2020）, Agrarstrukturelle Zielsetzungen im Land Brandenburg, Stand 2.3、Web版

（9）農業構造上の不利益をもたらす農地分割の具体的内容としては「ブランデンブルク州農業構造法」第９条に法制化をみるが、そこには相続に際しての認可・制限事項が含まれている。ドイツ（ゲルマン系民族）では農地の相続は親がリタイアする際に子が金銭的な対価を支払って買い取

ることが一般的であり、農地売買は相続といった世代交代の際にも発生
することに留意が必要である。
(10)「ドイツ農業者同盟」（DBV）は大規模経営や食品加工業界が影響力をも
つ主流農業団体である。それに対して、中小農民経営団体の代表格が
AbL（農民が主体の農業のための行動連盟）である。
(11)ドイツでは固定価格買取制度のもと売電収入を増やすべく、家畜飼料と
してではなく、エネルギー作物としてバイオガス発電の原料のためのト
ウモロコシ（デントコーン）栽培が拡大した。それを筆者は"トウモロ
コシだらけ"との表現でバイオガス発電が本来の有機・循環型農業とか
け離れたものになっている側面があるとの指摘をしている（河原林
(2017a)）。https://www.nochuri.co.jp/report/pdf/nri1701gr2.pdf
(12)なお、2020年11月16日付けのAbLのオンライン通信 "Sachsen-Anhalt:
Regierungsfraktionen legen Entwurf für Agrarstrukturgesetz vor
（ザクセン・アンハルト州：州政府与党が農業構造法案を提案）" による
と、ザクセン・アンハルト州においても州政府与党のCDU、SPD、同盟
90／緑の党が、農業構造法案を提出したとのことである。

参考文献

河原林孝由基（2017a）「"トウモロコシだらけ"ドイツからの警鐘—エネルギー
作物栽培とバイオマス発電の実際—」『農中総研 調査と情報』web誌、1月号、
22～23頁
河原林孝由基（2017b）「"農場"と名乗ることのプライド—ドイツ・ヘーグル
農場でのバイオマス利用—」『農中総研 調査と情報』web誌、3月号、20～
21頁
河原林孝由基（2019a）「家族農業をSDGsの主役に—国連『家族農業の10年』
を迎えるにあたって—」『農中総研 調査と情報』web誌、1月号、20～21頁
河原林孝由基（2019b）「"トウモロコシだらけ"から"ミツバチを救え"—ド
イツ・バイエルン州にみる農業と生物多様性の新局面—」『農中総研 調査と
情報』web誌、7月号、28～29頁
河原林孝由基（2019c）「新たな協同のかたちへ『ヘーゼルナッツ協同農園』—
ドイツ・バイエルン州にみる家族農業経営の新展開—」『農中総研 調査と情
報』web誌、11月号、14～15頁
谷口信和（1999）『二十世紀社会主義農業の教訓—二十一世紀日本農業への
メッセージ—』農山漁村文化協会
村田武（2016）『現代ドイツの家族農業経営』筑波書房

村田武・河原林孝由基編著（2017）『自然エネルギーと協同組合』筑波書房
村田武編著（2019）『新自由主義グローバリズムと家族農業経営』筑波書房
村田武（2020）『家族農業は「合理的農業」の担い手たりうるか』筑波書房
村田武（2021）『農民家族経営と「将来性のある農業」』筑波書房

（河原林 孝由基・村田 武）

第3章　ドイツ農業の将来ビジョン

1．気象災害・生態系危機とドイツ農業の将来像

　近年、ドイツでも大きな気象災害が頻発し、気候変動対策が焦眉の課題となっているなかで、環境先進国と呼ばれるドイツならではの、「工業化する農業」にも温室効果ガスの排出の削減をはじめとする気候変動対策や、生態系保全を求める立法が相次いでいる。総じてそれは機械化・化学化で生産力をあげてきたドイツ農業のエコロジー転換を求めるものである。保守党キリスト教民主同盟のメルケルが首相の政権ではあるが、環境・自然保護の大臣は社会民主党が握っているという状況で、温室効果ガス排出を抑えようという政策をとらざるを得なかったのである。そうした動きに拒否的態度をとってきた「ドイツ農業者同盟」（ドイツ最大の農業者団体であって、メルケル首相の保守党キリスト教民主同盟の最大級の支持基盤）の理解を得るためには、ドイツ農業の将来像を提示することが必要だと判断したのであろう。メルケル政権が2020年7月8日に閣議決定したのが、「農業将来委員会」（Zukunftskommission Landwirtschaft）の設置であった。構成員は「ドイツ農業者同盟」（DBV）だけでなく、「農民が主体の農業のための行動連盟（AbL）、「ドイツ酪農家全国同盟」（BDM），「ドイツ農業青年同盟」（BDL）、「ドイツ農村婦人同盟」（DLV）など農業団体関係10名のほか、消費者、環境・動物保護団体、そして学識経験者などたいへん幅広い33名で、そのうち女性が3分の1を占めている。委員は無報酬で、委員長のP・シュトローシュナイダー教授はドイツ中世史の研究者である。2021年6月29日には、全会一致の採択文書をメル

ケル首相に答申している。答申は180ページにおよぶ大部なものである。

　以下に紹介するのは、ひとつは、答申の「将来のドイツ農業・食生活と農業経営構造に関する提言」の要約、いまひとつは、答申の提言の冒頭に掲げられた４ページほどの、若手農業者の意見を特別に聞いて作成されたという「ドイツ農業の将来ビジョン」である。「将来」とは、おそらく2030年、2050年といった時期と考えられる。なお、この委員会の提言や農業の将来ビジョンは、2018年末の国連第73回総会で採択された「農民と農村住民の権利宣言」（ドイツは国連総会では「保留」した）を積極的に評価する立場であると理解される。

２．農業将来委員会の提言の要点

〈とくに将来の農業・食生活と農業経営構造をめぐって〉

　農林業はドイツ全国土の80％以上の土地で営まれており、必然的に環境や自然に、また土地、動物、水域そして生物の多様性、したがってドイツの景観に決定的な影響を与えるものとして、その生産力上昇が人口増加を可能にし、国民への食料供給で全体としては福祉の向上に大いに貢献してきた。しかし農業の進歩は、その反面で自然、環境、動物そして生物的循環を過剰に利用することで、気候に対して危険なまでの影響を与えるにいたった。同時に農業は経済的にも危機に直面しており、さまざまな政治的なものも含む要因が、農業の経営方式にエコロジー的にも経済的社会的にも将来性を失わせている。そして、全般的な進歩と技術革新が農業構造を激しく変化させ、巨大な生産増加と生産力上昇にともなって、生産費の引下げ圧力が高まり、**ますます多くの家族経営に経営の展望を失わせる**にいたった（強調は筆者による。以下同様）。農業は自然資源に与える負荷の範囲内で、エコロジー的に耐えうる物質循環を行える経営状態ではなくなったのである。現

在の生産様式が生み出す外部コストからすると、今日の農業・食料システムを変えずに継続することは、エコロジー、動物倫理、さらに経済的理由からも不可能である。

　しかも、農業・食料システムは多くの矛盾と緊張関係のもとにある。われわれの文明すべてをつかむいわゆる**グローバル化**のもとにあり、**根本的な転換期**にある。今日のまた将来の世代には、その責任を果たすうえで与えられているのはきわめて短時間である。転換が**全社会的課題**であることははっきりしている。エコロジーにふさわしい行動が経営と国民経済の成果となり、それが社会で認識されるべきである。農業もまた同様である。

(1) 将来の農業と食生活のありよう

　将来において農業は生物多様性の維持に貢献し、気候に積極的な役割を果たす。同時に将来像において重要であるのは、農業の上流・下流経済部門との協働であり、地域経済循環を強化し、その活用に力を入れ、理想的なやり方で農場を安定させ、**その数を増やすことである**。同時に将来像には、その仕事に喜びを感じる農民の姿も含まれる。また、家畜が高度の動物保護水準のもとに飼育され、食品の品質情報が消費者に適切に提供され、気候に関わる協定（温室効果ガスの排出量削減など）が遵守され、デジタル化の多様な利用がなされるといったことも含まれる。

①気候変動には温室効果ガス排出量の確実な引下げ、生物多様性の維持には安定したアグロエコシステムの創出、農村景観の維持には持続的な地域経済循環と物質循環、

②国民消費者の動物性食品消費量の引下げ、家畜飼育数の削減とともに、動物保護の改善、**家畜飼育の環境適合型への地域分散**。

(2) 将来の農業経営構造

　高い食料自給率の維持は第1目標である。ドイツ農業の特徴はその多様性にあって、それは経営規模や構造においても同様である。そうした多様性が農業の持続性を確保し、個々の農業経営にとっても有利なのである。

①農業経営の多様性は、弾力的で将来も確実な国内農業・食料システムを発展させようという目的にかなっている、

②それとの関連で、経営の多角化、とくに新たな経営部門がオルタナティブとして導入されることを推進する、

③以上は、経営や農業企業の規模を問題にしているのではなく、求められるのは経営理念の多面性、景観の多様性、生物多様性、動物福祉、直売・ローカル市場、農村の多様な就業機会の形成を含んでいる。その際に重視されるべきは、**より小規模な農業経営にチャンスが与えられることである**（再生可能エネルギー、アグロツーリズム、レストラン、自然保護・景観維持そして生物多様性の促進などの就業機会拡大。それには、協同組合、連帯農業、地域活動団体が新たな就業モデルになりうる）。

③借地契約の届け出義務によって地代の高騰を防ぎ、投機的土地売買を防ぐための土地法制の整備、

④魅力的かつ雇用契約で保証された賃金など、農場での被雇用者の状態の改善、

⑤季節労働者についても、社会保険の保障や明確な雇用契約で改善、

⑦困難な状況にある農場の移譲や継承を促進するために、普及事業などの強化、

⑧農業従事の女性の権利拡大、農業教育での女性参加促進、農業会議所や協同組合の理事会、アグリビジネス企業の役員は女性が10年以

内に30％を占めることが期待される、
⑨農業社会保障制度の充実。

３．農業将来委員会「ドイツ農業の将来ビジョン」

（Empfehlungen der Zukunftskommission Landwirtschaft, "Zukunft Landwirtschaft, Eine gesamtgesellschaftliche Aufgabe"）

（以下の太字での強調は筆者によるものである。）

農業者とその経営

　農業は国民への食料供給を担っている。農業者は社会、すなわち市民、社会の諸組織（企業、団体、政党、学術、宗教など）から、食料生産と環境・自然・動物保護への積極的な貢献について高く評価されている。農業者による食料の生産と供給は、世界的な平和と福祉の基礎であり、したがって重要な社会的安定の要因となっている。農業経済セクターが社会的に大いに重要であるのは、それが食料保障という基本的な課題を担い、人々の生活の基盤を確実なものにしていることによっている。

　農業経営は社会的かつ生態系での責任をもつ事業体である。農業者は自立して働き、自己責任にもとづいて経営を行う。農業経営の事業体としての行為は、資源、投資、生産そして労働力を自己の判断にもとづいて動員するものである。農業者はその専門的かつ将来を見通した優れた実践を、科学的に有意義かつ環境や気候保護にふさわしいものにする。

　ドイツ農業は多様性に富む。専門化した経営もあれば、**多角化した経営もある。**社会は農業を先入観をもっては見ない。農業と社会は一体である。農業者は自らの職業に喜びを見出し、フェアな条件を獲得

している。その所得はドイツの平均所得と同水準にあって、それはその経営から得られるものである。生産者価格はフェアかつ問題のない市場で形成され、社会的な参加を可能にし、経営を守るとともに農業者やその家族の老後の生活を保障できるものである。農業で雇われて働く者もフェアな労賃を受けとり、良好で安全な労働条件のもとで働いている。

願わくば、農場は安定し、その数が増えるほどであってほしい。農業の経営構造の多様性は変わらない。農場の継承は、家族内であるかどうかを問わず、社会的にも政治的にも優先的に支持される。国は農業の存続を可能にする助成策を提供する。若い農業者の優先的な土地獲得が保証される。

環境・自然・気候

農業は環境・自然・動物保護に貢献している。再生可能な土地利用によって、人間や動物の健康が保持され、水、土壌そして大気の質が維持され改善される。

気候保護にうまく貢献するような経営部門や農法が強化され、それへの転換が速やかになされる。経営の将来性のある方向や気候に沿った転換が、引き続いて公的な支援を受ける。生物学的多様性がもっとも重要なものとして認識され保全される。というのも、それこそが生態系が機能する基礎であるからだ。**生物の多様性およびとくに昆虫保護を促進する活動が基本となる。農業景観が構造的な多様性を持ち、顕花植物が広がる土地、生け垣、緑地帯などビオトープ（安定した生活環境をもった動植物の生息空間）が連坦した構造をもった農地が広がっている。**

アグロフォレスト（農林一体）が広げられ、農地がこれ以上他の用

途に転換されることはない。沼沢地はその大部分が公的手段で再生され、それに関わる経営が長期的な見通しのもとに保全される。腐植質構造の強化、立地にふさわしい品種の多様性の向上、マメ科植物や間作物の利用を含む精密な輪作体系の構築などが、農業が環境保護に積極的に貢献することになる。農業者は浸食を防ぐために、土壌被覆に力を入れている。

家畜糞尿はできる限り肥料として利用し、無機肥料の利用増加を抑える。国は化学肥料や化学農薬の適切な代替品の開発に力を入れる。

農業は気候温暖化の影響への対応をおこなっている。気候にやさしく、弾力性に富んだ農法が支援されている。気候に好影響を与える農業方式が創出され、それが経営部門を構成して農業者に新たな所得をもたらすようになる。

あらゆる経済部門が生態学的責任を負っている。環境保護ならびに経営のための協働がセクター間の連携によって生まれ、それが相互にうまく協調し、資源をうまく利用するのに役立つのである。

経済的諸条件

農業者にはフェアな市場がある。食料生産の分野でも、また加工用産品の分野でも、その販売市場における力関係は均衡がとれている。ドイツの政治および立法は、一方的な寡占ないし独占の形成を阻止している。ドイツ農業には良好な所得獲得機会があり、市場についての公正かつ透明な情報を得ることができる。フェアでない取引は有効な法律で阻止される。

農業経営活動は明瞭になされ、それに関する情報が公開されるのは当たり前である。そうしてこそ、農業者の活動は社会的に高く評価され認知されるのである。

農業バリューチェーンの上流・下流との協働はフェアになされ、それは地域的な加工・販売に重点がおかれる。その際、地域を超える取引が地域内でのそれを補完し、経済的取引の枠を拡大する。

地域性

農業・食料システムはその大半が地域内循環のもとで機能する。食品加工はまず地域で行われ、農産物の輸送はできるかぎり短距離である。それを可能にするには、地域構造（たとえば、食品加工や販売）を強化し、それを妨げるような行政的ないし法的な障害は除去されるか無効とされる。

健全かつ地域性のあるエコロジカルな食品が、学校、官庁、病院、社員食堂などの公的ないし私的な施設で供給され、そうした食品の地域での需要が高められる。それは農業者には市場への出荷量を安定的に確保させるものとなる。

物質・エネルギー循環がまさに確固なものとなり、原料や栄養物質はその生産から消費そして廃棄物処理にいたるまで地域内で循環することになる。

食物と消費者

すべての人間が価値の高い食料を手に入れ、世界で誰も飢えることはない。人々は健全かつバランスのよい食を得られる。社会は食料に高い価値を認めているのだから、それは浪費されてはならない。

国民は食料の生産過程や、農業者の労働についての理解を深めている。したがって、消費者は自分たちの食料がどこでどのように生産されているかに大いに注意をはらい、地域産品の消費を増やしている。それには信頼がおけて容易に理解できる商標システムが役にたってい

る。動物食品の消費は健全な量に抑えられ、環境、気候、自然そして
動物福祉と調和するものになっている。

教育と新規就農

　若い世代は男女を問わず、農業を好ましい職業だとしている。彼ら
は、農場の譲渡による自己経営によるか、職業として農業を選択する
かのいずれでも支援を得ている。農業教育は理論および実践の双方で
行われ、大学教育でも職業教育でも、将来の課題、すなわち環境にや
さしく、技術革新に富んだ経営方式や新経営部門（たとえばエコロジ
カルなサービス部門）について学ぶ。

畜産

　家畜は高度の家畜保護水準で飼育され、**畜産地帯への集中ではなく
農村地域全体に分散される**。畜産経営の構造転換は長期的な見通しの
もとに行われる。家畜には十分な広さの畜舎と運動場が与えられる。
家畜には十分な量の経営内で生産されたか、または地域内で生産され
た飼料が与えられる。家畜用薬剤は必要なものに限り、それは獣医の
適切な診断と治療による。すでにドイツでは畜産は飼育家畜数では十
分であって、課題は環境や気候対策に力を入れることである。

デジタル化

　農業でもデジタル化が利用されるようになり、それは人間、動物、
環境そして自然が求めるものと調和できる。農地での的確な作業や植
物保護のための技術や、動物の健康管理のためのイノベーションがデ
ジタル化で可能になる。デジタル化は農業においては、世界的な環境・
自然保護と食料生産に貢献する。ただし、デジタルデータの管理権限

は農業者そのものにある。農業経営がデジタル技術を獲得するには国の助成を受ける。**デジタル化の利用は中小経営にも可能でなければならない。**

ドイツ農業のグローバルな影響

　ドイツの農業経済は地域的、国家的そしてグローバル市場でフェアな供給網のもとで取引をしている。それは第三国に対して、人権上のまた社会的ないし生態学的悪影響をもたらすことはない。

　エコロジー的かつ経済的な諸条件が、小規模農民が安定した所得や社会参加、そして市場へのアクセスを世界的に可能にしている。重要資源——水、耕地や放牧地、種子、エネルギー、資本そして教育——の無制限の獲得が小規模農民に保証されている。

（補）
（1）総選挙で第1党に躍り出た社会民主党を中心に、緑の党、自由民主党（FDP）の3党による新連立ショルツ政権は、メルケル前政権が決めた原発全廃政策を継続し、2021年12月31日には、北部のブロックドルフ、中西部のグローンデ、南部のグントレミンゲンの3基を停止させた。ドイツの総発電量に占める原子力発電の割合は21年の14％から22年には7％になる。2022年には残る3基（北西部のエムスラント、南部のイザール、ネッカーウェスト）も稼働を停止する予定である。
（2）以下は、「農業協同組合新聞」（2021年9月30日）に筆者が寄稿した2021年ドイツ連邦総選挙結果についての所感である。

2021年ドイツ連邦議会選挙の投票率は76.6％
―政治教育の先進国ドイツならばこそ―

　9月26日投開票のドイツ総選挙（連邦議会下院選挙）の投開票で、メルケル首相が所属する中道右派のキリスト教民主・社会同盟が過去最低の得票率（24.1％、196議席）で敗北し、中道左派の社会民主党が25.7％（206議席）の得票率で第1党に躍り出た。しかし、現在大連立を組む両党とも単独過半数には届かず、今後は連立政権に向けた協議が焦点になるが、難航が予想される。というのは、得票

　率第 3 位の緑の党（14.8％、118議席）が温暖化対策など環境政策の実現に向けて法人税の増税など負担増を求めるのに対し、第 4 位の自由民主党（11.5％、92議席）は財界寄りの政策を掲げており、両党が税制や財政などの政策面で折り合えるかどうかが当面の焦点になるからである。

　9 月28日の各紙は、いずれも「社民党が第 1 党、小差の勝利」、そして「連立交渉長期化か」（朝日）、「左派軸に連立交渉へ」（毎日）、「過半数届かず連立交渉へ」（読売）と報じた。ところが、各紙とも各党の得票率・獲得議席数は報じるものの、そもそも有権者の何パーセントが投票したのかはまったく報じていない。私は困って、本「農業協同組合新聞」編集部に教えてもらったのが、インターネットのフリー百科事典「ウィキペディア」である。その最終更新版（2021年 9 月28日13時51分）には「投票率が76.6％」とあるではないか。私は、安倍・菅政権が、国民を貧困化させ、その恥ずべき国会軽視がとくに若い世代の政治関心を弱めさせ、とりわけ菅政権の歴史的「貢献」が国民の政治離れと総選挙の低投票率のさらなる引き下げであるとみているだけに、ドイツのこの有権者 4 人のうち 3 人が投票しているという現実に驚いているのである。

　ドイツが20歳以上の男女すべてに選挙権を認める普通選挙を導入したのは1918年。それが18歳に引き下げられたのは1972年である。それに加えて、戦前にナチスの台頭を許した反省から、「連邦政治教育センター」を設置して、青少年の民主主義の意識や政治参加意欲を高めることをめざして、学校での政治教育関連の教材が開発されている。その70年代の保守・革新の対立が激しいなかでの政治学者の論議から1976年に導き出されたのが、「ボイテルスバッハ合意」（ボイテルスバッハは合意がなされたバーデン・ヴュルテンベルク州内の地名）であったという。

　それは以下の 3 つの原則である。①圧倒の禁止の原則（教員は自身の意見を自由に述べることができるが、期待される見解をもって生徒を圧倒し、生徒自らの判断の獲得を妨げることがあってはならない）②論争性の原則（学問と政治の世界において論争がある事柄は、授業においても議論があるものとして扱う）③生徒志向の原則（生徒は、自らの利害関心に基づいて政治的状況を分析し、政治参加の方法と手段を追求できるようにならなければならない）。

　今回の選挙の76.6％という高投票率は、中高年齢層だけでなく、40歳未満の若い世代の投票率も60％台を維持しており、とくに最も若い18～20歳の投票率がほぼ65％もあることの結果である。なるほど、過去半世紀にわたってこのような政治教育があってこそ、若い世代が政治への参加が国民的責任であることを認識することにつながっているのであろう。

（村田　武）

第4章　農家から専門的農業企業へ…それともその逆か

A・ハイセンフーバー／F・タウベ[1]

【要約】

　ドイツ農業は第二次世界大戦後、さまざまな面で大きな変化をとげてきた。耕種と畜産の混合経営や、それにともなう循環的経済を特徴とする古典的農民構造から出発し、1970年代以降はEU農政の刺激もあって、あらゆる分野で強力な専門化と生産量の増加が始まり、最終的にはかなりの過剰生産と輸出につながっている。かくして飢餓は克服されたものの、環境汚染という新たな問題が顕在化し、いまだに説得力のある解決策は示されていない。そこで著者は、食料を平等に供給し、生態系サービスを包括的に満たす「エコロジカルな集約化」という新しいパラダイムを提唱している。そのためには、「バーチャル混合経営」(多様な専門経営間の協力) や、慣行農法と有機農法の要素を組み合わせた「ハイブリッド農業」のアプローチが有効である。

1950年代以降の農業分野の動向

　1955年農業法の第1条には、「農業がドイツ経済の発展に参加できるようにし、国民への食料の最良の供給を確保するために、一般的な経済・農業政策、とくに貿易・税制・信用・価格政策によって、農業が他の経済部門と比較して受ける自然的・経済的不利を補正し、その生産性を高めるようにする。同時に、農業に従事する人々の社会的状況を、同等の職業グループの状況と一致させる必要がある」とある。

これらの非常に包括的な要求は以下に基づいているのであって、とり
わけそれは戦時における飢餓と食料不足という体験であった。この問
題は2年後にも、すなわち1957年3月25日のEEC設立条約の第39条
でも同様に繰り返されている。具体的には以下のようである。「共通
農業政策の目的は、農業共同体の公正な生活水準を確保するために、
とくに農業従事者の一人当たり所得を増加させるために、技術進歩お
よび農業生産の合理化を促進し、生産要素とくに労働力を可能な限り
利用することによって、農業生産性を向上させ、市場を安定させ、供
給の確保を行い、供給が合理的な価格で消費者に届くようにすること
である。」

　今日の視点では、共通農業政策の目標はどのていど達成されたかで
ある。1950年代には、新しい技術的可能性の利用に重点があった。馬
はトラクターに、手作業が機械に取って代わられ、削減された。耕地
はもともと、とくに丘陵地帯では、区画間に垣根がある小さな区画で
あった。輪作は通常、非常に多様で、とくに経営が多目的に組織され
ていたために、牛や豚に供給するために飼料作物を栽培する必要が
あった。かくして機械を効率的に利用するために、耕地整理によって
区画が拡大された（**図3**参照）。

　しだいに経営は特定の家畜飼育に特化したり、「無家畜」経営となっ
て、輪作が「単純化」されることになった。さらに、トウモロコシの
新品種と化学的な除草を組み合わせることで、ほとんどの地域でトウ
モロコシ栽培が可能になった。クローバやジャガイモに比べて、少な
い労働力で高い収量を得ることができる。これによってクローバや
ジャガイモなど、以前には非常に広く栽培されていた作物を減らすこ
とができた。単位面積当たりの労働力投入量が少なくなったことに
よって、より多くの土地を耕作できることになり、主に借地によって

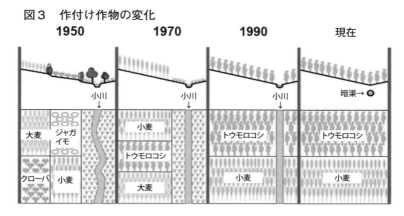

図3　作付け作物の変化

出所）Kaule 2000

経営規模を拡大できることになった。

　畜産でも同じようなことが起きている。たとえば、酪農では手で行っていた搾乳が搾乳機に切り替えられたことで労働時間が大幅に短縮され（**図4**参照）、より多くの牛を飼育できるようになった。新しい技術は、規模を拡大しなければ経済的に利用できない場合が多い。その典型的な例が、バケット搾乳の繋ぎ牛舎から、搾乳パーラーを備えたフリーストール牛舎への移行である。この新技術のためには、それに見合った投資が必要であった。いわゆるデグレッション効果、つまり、より多くの家畜にコストを配分することで、単価を下げることができた。また、品種改良などにより、1 ha当たり、1頭当たりの収量を大幅に増やすことができるという効果もあった（**図5**参照）。農家にとっては生産量が増え、国民の自給率を上げるうえでも政治的には望ましいことであった。このいわゆる「成長強制」とは、通常、農家が生活費の上昇に見合った収入を得るために生産規模を拡大するか、あるいは農場を手放して土地を貸すかのどちらかを決断しなければなら

図4　農産物生産に要する労働必要量と技術進歩

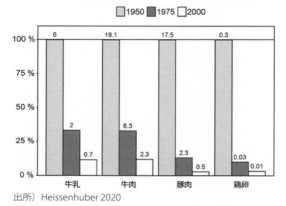

出所）Heissenhuber 2020

図5　ドイツにおける乳牛1頭当たり搾乳量（1980 ～ 2020 年）

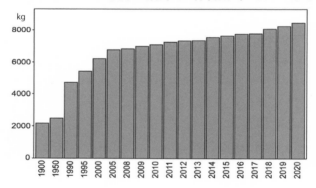

出所）STATISTA 2021

ないことを意味する。構造変化とされるこの動向は、農家の数が激減したことを意味する。そうした成長強制から逃れるには2つのオルタナティブが過去にはあり、現在でも存在する。ひとつには、兼業経営として農場を継続することである。これは、畜産をやめるなど、より少ない労力で済むように農場を再編する方法である。農作業から解放

された時間は、農場外で必要な収入を得るために使われる。いま一つの方法は、生乳からチーズ加工のように、農産加工でより高い付加価値を得ることである。さらに、加工と直売を組み合わせることで所得を増やすことができる。

　これらの要因によって、食品は比較的低価格で提供され、所得の増加にともなって、食品への支出額はそれに比例して少なくなっている。1950年には、消費者支出の45％がまだ食品・飲料・タバコに向けられていたが、2018年にはそれは平均で18％に過ぎなくなっている（DBV 2020）。その代わりに、たとえばレジャーや文化には、もっと多く支出できるようになっており、これは市民とくに低所得者からすれば、この進展は間違いなくポジティブなものと言えるであろう。

農業部門の発展─批判的に検討する

　以上のような農業発展は政治的に望まれたものであり（EEC農業政策の目的を参照）、少なくとも国民もその恩恵を受けていたからである。その結果、国内生産量が国内消費量を上回るようになった。1960年代には、一部の農産物で自給率100％の水準を超え、その後はそれがますます増えたのであるが、これは開放経済では問題ではなかった。他の経済セクターでは、過剰分を輸出することはよくあることであった。ところが、農業分野では多少異なるシステムがあった。ドイツでは、そしてその後はEU諸国でも、一部の農産物（牛乳、牛肉、穀物など）については、生産費をほぼカバーする生産者価格が国によって「保証」されていたのである。これは主に、世界市場での安値競争が輸入関税によって国内に及ぶのを阻止することで達成された。この政策は、国内の生産量が国内消費量を下回る限り、合理的で問題のないものであった。しかし、この政策の副作用は、国内の農産物価格が

世界市場よりも高かったため、国内過剰生産分を普通に輸出できなくしたことであった。

　過剰生産の量に応じて、国は余剰分を市場から排除することを「余儀なく」された。つまり、余剰分を買い取り、保管し、後にそれを税金を財源とする輸出補助金を使って世界市場で販売したのである。この方法は、市民や納税者の怒りを買い、また、世界市場で価格が下がることで貿易競争国を怒らせた。最後に、価格を支えるシステムが弱体化し、社会的な農家の評価を引き下げたことで、農家にとっても不満であった。

　そうした政策の財務への影響の一部は図6に示されている。1960年代には、市場調整、つまり価格支持策には1ha当たり30ユーロ程度しか使われていなかったものが、1980年代末には1ha当たり約250ユーロまで増加している。EU農政への圧力が高まり、1992年には抜

図6　EUの農業支出の推移（1968〜2008年）

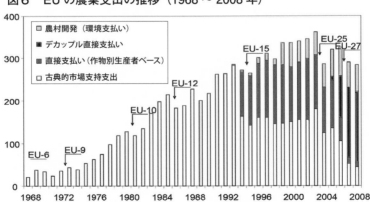

注1）1980年まではERE、1981〜98年はECU、1999年以降はユーロ
注2）1972年まではEU6か国、73年以降は9か国、81年以降は10か国、86年以降は
　　　12か国、95年以降は15か国、2004年以降は25か国、2007年以降は27か国。
出所）ドイツ農業省「農業報告」など

本的な改革が行われた。国は対象となる農産物への価格支持を徐々に
減らし始め、その代わりに、生産量によらない面積プレミアムなどの
直接支払いが導入された。なるほど生産過剰はあったものの、価格が
下がったために最終的には輸出補助金なしで世界市場での販売ができ
るようになった。その結果、市場規制にかかる支出は減少した（**図6**）。
それに対応して直接支払いのような補助金が導入された。加えて1992
年には、環境サービスに対する支払いが導入されたことも記録される
べきであろう。

　1992年以降、農業にとっては市場規制のための予算が減る傾向に
あった。つまり、輸出補助金はどんどん減っていったのだが、全体と
しては農業予算は減るどころか、EUの拡大に伴ってさらに増えていっ
たのである。なお、このリスト（**図6**参照）には、燃料費補助や社会
保険料補助などの形で国が農業部門に支払うその他の移転支出は含ま
れていない。

　それにもかかわらず、2つの展開が見られる。一方で、一部の生産
部門では農業生産量が大幅に増加し、同時に国内消費量はほぼ停滞し
て自給率を向上させることになり、また輸出補助金を支払わなくても
よい輸出が増加した。2001年の自給率が豚肉88％、鶏肉64％、チーズ
107％だったのに対し、2019年には豚肉120％、鶏肉95％、チーズ
126％にまで上昇している。牛肉だけが166％から95％に低下している
（BLE 2020）。多くの牛飼育農場は、バイオガスの生産に参入しており、
その際に原料としてトウモロコシを追加するか、まったく代替させる
かしている。

　前述したように、自給率向上にともなう輸出は、補助金で支えられ
ることはなくなった。しかし、形式的には生産量とは無関係に支給さ
れる直接支払いであっても、それは全体として農業生産を支えている。

　しかし、時代の流れのなかで、研究者だけでなく、一部の人々から批判的に評価されるような動きが増すことになった。「基盤整備された」耕地では、土壌侵食が進み、文字通り「土壌が流出する」状態になった。これにともなって地表水の富栄養化が進んだ。「単純化」された輪作と農薬が種の減少につながっている。一部の地域では畜産経営が集中し、海外からの大豆などの輸入飼料の使用が増えているため、糞尿や栄養分がかなり過剰になっているケースがあり、その結果、地下水の汚染につながっている（**図7**参照）。畜産の拡大は、気候変動を引き起こす排出物の増加を意味する。さらに悪いことに、「近代的」な畜産方法に対する国民からの批判が高まっている。とくに付け加えたいのは、1992年に導入された農業への直接支払いが、何よりも農地面積に適用されていたことである。

　要約すると、注目すべきは農業の社会的コストは考慮されていないものの、農業による環境破壊を修復する形態などで、非常に低コストで生産されているのだが、天然資源への負担や、動物福祉への配慮がなされていない畜産などは、国民にはますます受け入れられなくなっているのである。農業への批判が激しくなっているのは、多額の直接支払いを得ているだけでなく、環境への影響にともなって、かなりの経済的コストを生んでいることによっている。ところが大きな直接支払いがあるものの、農業者自身はその所得に不満を持っている。

　結論からすれば、「これまでどおり」という選択肢はないのである。

行動の選択肢と相反する目標

　「これまでどおり」という選択肢がないのであれば、農地利用や畜産の改善策を導き出すためには、まず何よりも現実の生産システムの隠れたコスト（環境コスト）を把握しなければならない。ところで、

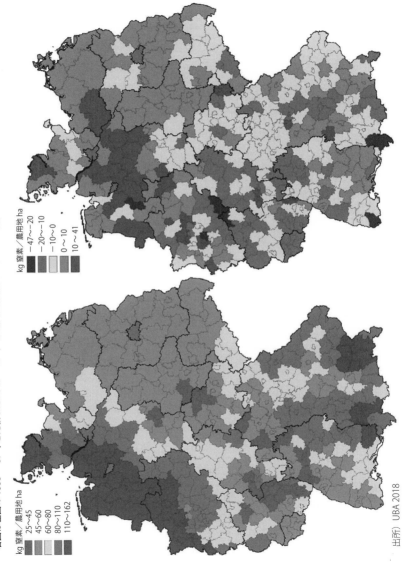

図7　郡別にみた窒素1ha当たりバランス（2015～18年の平均）
右図は左図の1995～97年と比較した2015～17年の窒素1ha当たりバランスの変化

kg 窒素／農用地 ha
−47～−20
−20～−10
−10～0
0～10
10～41

kg 窒素／農用地 ha
25～45
45～60
60～80
80～110
110～162

出所）UBA 2018

表3　北部ドイツの気候条件のもとでのドイツの過剰窒素の流出経路

	kg N/ha	
過剰窒素	+100	kg N 当たりユーロ
滴下水	−37	13（5−24）
アンモニア	−30	14（4−30）
笑気（N$_2$O）と NO$_2$	−8	11（6−18）
脱窒	−20	−
土壌中滞留	−5	
社会的費用合計	0	989 ユーロ/ha（353−1932）

注）Taube 2016 に従って修正し、そこから 1 ha 当たりの環境コストを導き出した。
出所）Brink et al.2011

　これらのコストは、「農業将来委員会」（連邦政府が設置）によって、年間900億ユーロと見積もられている。ドイツでは、農地では窒素施肥だけで100kg N/ha/年の過剰が発生し、窒素排出量（地下水の成分となる滴下水の硝酸塩、大気中の亜酸化窒素とアンモニアで構成される）1 kg当たりの平均コストが10ユーロの場合、それによる環境コストは1,000ユーロ N/ha/年にもなる。農業は開放型のシステムであり、損失のない生産は不可能であることはよく理解されているものの、これらの過剰は明らかに大きすぎる（表3）。

　これらの計算を根拠にすれば、国が有機農業に追加の補助金を出しているにしても、牛乳生産などの特定の分野では有機生産の方が、明らかに費用対効果が高い。というのも、削減された窒素投下経費は、通常、有機農場への追加支払いを上回るからである。それでは、完全に有機農業に転換すればいいのではないか。有機農業は作物の種類にもよるが、慣行農業の50〜80％ほどの収量しか得られないため、目標に相反することがあるのであって、世界の食料供給を確保するという倫理的な議論を真剣に受け止めるならば、世界的に十分な生産能力を提供するという重要な役割を果たさなければならないということになる。加えて、とくに気候は保護すべき世界的な財であることである。

つまり、農産物単位当たり（小麦や牛乳 1 トン当たり）のCO_2排出量が最も少ない農業システムを持つ地域で生産を行うべきであるとすると、この点において有機農業は、保護すべきローカルな財である水の場合のように、単位面積当たりの負荷が評価の焦点となるほど明確に優れているわけではないのである。また、いわゆる「リーク効果」（移転効果）が、しばしば農業者諸団体から提起されており、それはドイツで生産を粗放化しても、世界の他の地域では集約化による環境へのダメージが大きくなるばかりで、何の得にもならないというのである。しかしこうした議論は、いくつかの理由で説得力のあるものではない。論理的に考えれば、一方では、ドイツには自然保護区も有機農業のための地域もないはずだ。というのも、ドイツは農業生産に非常に有利な条件を備えており、この議論によれば、すべての土地が集約的な生産のために使用されなければならないからである。他方、ドイツで削減される生産能力（たとえば畜産）が実際にどこに移転されるかに大きく依存する。たとえば、今日、ドイツの半分以下の過剰栄養量しかない東欧に行けば、こちらでは環境汚染が減り、あちらでは環境汚染を増やさずに付加価値が得られるという、誰にとってもプラスの効果がありえる。

　気候変動の下での将来の持続可能な農業のための行動選択肢は、このような背景から、気候保護、水資源の保全、生物多様性の分野における生態系サービスを、農業生産の過度な損失を受け入れることなく、納得のいく形で実現しなければならないということにある。

　最高の生産集約度と生産量の増加（「持続可能な集約化」）は、もはや時代の要請ではない。それは、「エコロジカル集約化」という新しいモデルにつながるのである。

56

なぜ「エコロジカル集約化」が新しいパラダイムか

　これまでの節では、堅実な厩肥農業による大部分が閉じた栄養サイクルと最高の土壌肥沃度を持つ混合農場として組織された農場から、最高の労働効率と地代を目標とする専門企業への道のりを説明してきた――ただし、これまでのところ、この過程の環境破壊による社会的コストについてはふれてこなかった。今日、社会的コストはかなりのものとすることができるが、それはまだ内部化されていない。すなわち、農産物価格には反映されていない。現在の課題は、環境破壊を回避するためのコストと農業企業が最大の収量によって生み出す価値を比較し、生産集約度の新たな社会的・企業的最適値を決定することである。そのためにはまず、ここ数十年の集約農業における収量増が実際にどの程度だったのかを明らかにする必要があるが、そこには驚くべき数字がある。1960〜2000年の40年間の収量は、一貫して年率1〜3％ずつ直線的に上昇していたのに、甜菜を除く他の主要作物（穀類、ナタネなど）では、この20年間では収量は停滞している。このように、育種の進歩は、実際にはあまり成果をあげなくなっている。

　このような収益の停滞はかなりの確率で説明されている。年毎の作柄変動が小さいことは、栄養分の過剰を追加していることに他ならない。その結果、ドイツは20年以上にわたり、農業のすべての分野で、環境目標を達成できていない。水の保護（EU硝酸塩指令、EU水枠組み指令、EU海洋戦略指令）、大気汚染対策（EU NERC指令）、生物多様性の保護（HNV-野鳥指令、FFH、EU鳥類指令）に関して、EUに対して行った拘束力のある公約が守られていない。侵害訴訟の前段階としてのパイロット調査や、侵害訴訟そのものが結果として生じている。同時に、ドイツの持続可能性戦略の目標が国家レベルで実施されていないため（たとえば、最大で+80kg N/haの国家窒素バランスは

図8　1ha当たりの収量関数と環境影響関数から
導き出されるエコロジカル集約化

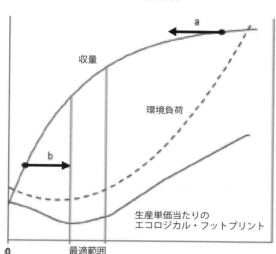

出所）Taube 2020

2010年までに達成されず、現在は2030年までに+70kg/haに設定され
ている）、これは持続可能な政策の失敗である。

　このような環境負荷の社会的コストの大きさを考慮すると、農業部
門の「エコロジカルな集約化」という意味での変革が環境問題の解決
を促すことについては、研究者の間では議論の余地がない（「エコロ
ジカルな集約化」についてはTittonel, 2014を参照）。連邦政府のすべ
ての科学諮問委員会は、何年も前からこれを要請してきた。エコロジ
カル集約化は有機農業と同義であろうか。個々のケースではそれもあ
りえようが、必ずしも原則的にはそうではない。図8が示しているの
がエコロジカル集約化の原理である。

　グラフでは、X軸が資源の投入量、Y軸が収量を示している。ドイ

ツ農業の現実の特徴は一般的に、高い収量レベルと、たとえば面積当たりの窒素過剰という形での高い環境コストが組み合わされている。つまり、エコロジカル集約化とは、高収量レベルを十分に維持しつつ、生産のエコロジカル・フットプリント（収量単位当たりの環境負荷として表現される、たとえば小麦1トンあたりの窒素過剰量）が好ましい範囲に収まるまで、資源の投下量（窒素施肥など）を削減することを意味する。個々のケースでは、社会全体の利益と社会全体のコストの比率によって、理論的に最適な結果が得られる。活性窒素化合物による環境汚染が社会全体に及ぼすコストは、ベネフィット（小麦1トンあたりの収益）に比べて正確に定量化することがむずかしいために、この新しいアプローチを実行するには社会的な議論と政治的なコンセンサスが必要となる。

　「欧州窒素評価報告書」（Sutton et al. 2011）では、ドイツ北部の小麦に使用されている収量関数について、社会的コストを考慮すると経済的最適値よりも30%程度低い窒素最適値が算出されており、その結果、窒素排出量は劇的に減少するが、収量はごくわずかにしか減少しない。一方、生産関数上のbは、多くの発展途上国や新興国でいまだに見られる位置である。"Global Yield Gap Atlas"（「収量ギャップに関する世界地図」）によると、サハラ以南のアフリカの多くの地域では、「収量ギャップ」（現在の収量と、現在利用可能なすべての技術を用いた場合に可能な収量との差）が70〜80%程度になっている。収量を増加させる投入物の使用量がわずかでも、そこでは高い収量増を誘発する。

　もし、世界の食料供給を確保することに重点を置くのであれば、先進国はこれまでとは全く異なる規模で、たとえばアフリカに対して協調的な国際経済・開発・貿易政策を展開し、現地での生産を確保し、

現地の人々が船に乗らず、そこに留まる見通しが立つのである。

世界の飢餓問題を考えると、ドイツの生態系の強化は正当化できるか

　FAOは長年にわたりずっと、世界の飢餓は量の問題ではなく、貧困の問題であると指摘してきた。FAOの推計によると、世界の人口が30年後に予想される最大値に達するまで、この状況は続くとのことである。さらに、FAOによる2050年まで、さらにそれ以降の予測では、30年以内に太りすぎや肥満が、飢餓や栄養失調よりも量的に大きな問題になるとされている。"*Greedy or Needy*"（「空腹か心配か」）はある論文のタイトル（Röös et al. 2017）であるが、高度に発達した国や、新興国や発展途上国で増えている栄養と消費のパターンが、バランスのとれた栄養という観点からの実際のニーズではなく、不足の要因であることを説得的に論じている。ドイツの国民一人当たりの畜産食品（LTH）の消費量が、ドイツ栄養学会の推奨値の２倍にもなっていること、生産された食品の約３分の１が消費されていないという事実だけではなく、とくに畜産食品の生産はエコロジカル・フットプリントが最も高い（WBAE 2020）にもかかわらず軽減税率が適用されていることからも、ドイツや西欧の農業をエコロジカル集約化に向けて変革していく必要があることは明らかである。一方では畜産食品の生産に必要な土地面積が実際の面積とは差があり、もう一方ではドイツ栄養学会の推奨に従って食肉消費量を減らせば、ドイツでは300万～400万haの土地の余裕がある可能性がある。ドイツで食用の穀類栽培面積を200万haだけでも追加したと仮定すれば、平均収量７トン/haで穀類が年間1,500万トン追加されることになり、エコロジカル・フットプリントが良好な世界の食料供給に実際に貢献することになる。

慣行農法と有機農業の間の「第三の道」—ハイブリッド農業

　エコロジカル・フットプリントを第一次的に削減しつつ、最大収量ではなく、高収量を維持することをめざしている部門では、それにともなって少ない投入量（低排出量）で比較的高い収量を得られる作物が重要視されている。つまりこれが作物の復活、いや、ルネッサンスにつながっている。これによって250年前に欧州で最初の「緑の革命」を引き起こし、200年以上にわたって良好な耕種農業の前提条件となってきた作物、すなわち飼料用マメ科作物、とくに赤クローバ、ムラサキウマゴヤシやその他のマメ科作物が復活しつつある。これらのマメ科作物は、昔ながらの混合農場で家畜の飼料となるだけでなく、人間の直接栄養となる後作物のために土壌の肥沃度を確保していた。今日では、輪作中の後続作物に対するこれらの付加的なサービスは生態系の強化という意味で、いわゆる付加的な生態系サービスだと表現できる。クローバとムラサキウマゴヤシによって、多年草による土壌への根の集中的な浸透と土壌炭素の蓄積が行われることで積極的の意味をもち、土壌中の二酸化炭素の結合量 3 トン/ha/年、空気中からの窒素固定による窒素肥料の生産コストの200〜300kg/ha/年の削減（GHG排出量の削減）によって、栽培とそれによる直接的な気候保護が可能になる。植生期間全体で 1 m^{2}あたり100kmの根長密度を持つ高い養分吸収能力により、浸透水を介した養分の排出をほとんど回避（水の保護）し、一方では多品種混合の草を使用することで、農業景観における生物多様性にプラスの効果をもたらす。一方では、5 月から 9 月の間、花を訪れる昆虫に好ましい餌を提供するために、草、マメ科作物、ハーブなど多種類の混作が行われ、他方では、良好な輪作体系ではクローバ類は化学農薬を必要としない。これほど多くの利点を持つ飼料用マメ科作物が、なぜ慣行農法では役割を果たせなかった

のか。その理由は、ひとつにはこれらの付加的なサービスが評価され
ず、収量のみが重要視されてきたことによる。経営面積の限られた畜
産専門農場において、クローバ類はトウモロコシと競合し、その作付
割合は約20％にまで落ちたのである。いま一つの理由は、上述の労働
効率の理由から耕種農業と畜産の結合が弱められ、そのためクローバ
類はそれを飼料とする家畜がいないために、耕種経営ではもはや役割
を果たさないからであった。

　このような相互関係から、変化が必要なのは、特定の集約度だけで
はなく、農場の構造も本論稿のタイトルにある「農家から専門的農業
企業へ……それともその逆か」であった。土地利用型畜産全体や、耕
種農業と畜産の再統合に向けた基本的なアプローチの青写真を、どの
ようにして競争力のあるものにしていくのか。これは、キール大学の
リントホーフ実験農場（www.lindhof.uni-kiel.de）で行われている大
規模な研究プロジェクトのテーマである。ここでは、混合農場での酪
農生産を例に、耕種と畜産を統合することで得られる上述のすべての
利点を、その効果のカテゴリー別に記録している。リントホーフ農場
は、エッケルンフェルダー湾に面した以前は耕種農業が支配的であっ
た地域に位置し、2015年までは有機農業の基準に基づいて粗放的な耕
種農場として運営されていた。2015・16年には、酪農経営部門が新た
に農場に統合された。その目的は統合された混合農場の酪農生産部門
と換金作物（穀物）生産部門の両方で、最大限の環境効率（最小限の
環境コストで高いパフォーマンス）を達成することであった。そこで
は専門化された農場では伝統的な基準からは意図的に逸脱しているこ
とが認識されていた。酪農生産システムは、ハーブを含むクローバ類
の２年にわたる利用をベースにしている。そこでは集約的に放牧され
ており、エネルギーとタンパク質の供給という点で、濃厚飼料レベル

図9　リントホーフ農場での放牧ジャージー種

注）放牧地は多様な牧草、クローバやハーブ類であり、ジャージー種は年間
　　8〜10回のローテーションで放牧され、エネルギーとタンパク質の豊富
　　な若い牧草を摂取できる。
出所）写真撮影はR. Loges

にほぼ達する飼料を約100頭のジャージー種乳牛に供給しており、タ
ンパク質（大豆など）やエネルギー供給作物（穀物）の追加購入は不
要である。
　ジャージー種（**図9**）が選ばれた。というのも、ジャージー種は小
柄な乳牛品種（生体重が約430kgしかない）として、専門的な「畜舎
飼育システム」のホルシュタイン・フリージア種（生体重700kg）と
いう標準品種よりも放牧飼育に適応しており、高い乳量を得るために
必要なエネルギーとタンパク質の85％以上を放牧地飼料から得ること

ができるからである。牛舎の標準的な牛では牧草からは30％程度のカバーにすぎず、残りはトウモロコシと濃厚飼料（穀類、ナタネ、大豆）が利用されている。リントホーフ農場の牛群は、２月から３月にかけては放牧地で子牛を出産させる。これは、春の授乳期開始時に乳生産のためのエネルギー需要が最も高くなるのを、若い牧草で満たすためである。動物福祉の観点から、冬の間は牛舎の中でワラを食べさせている。また、２月から３月にかけての放牧期間は、牛が放牧に最適な状態になるように時間単位で開始されている。これらジャージー種の年間の搾乳量は7,200kgで、約9,000kgのホルシュタイン・フリージアよりもかなり少ないが、リントホーフ農場の牛群は、その体重がずっと小さいことからすれば、シュレスヴィヒ・ホルシュタイン州の酪農場の10％を占める最高の舎飼い酪農場よりも優れている。リントホーフ農場の統合的なアプローチの経済的な利点は、飼料コストの大幅な削減（マイナス30％）、動物の健康状態の良さ、それは生乳中の牛の健康状態を示す値に表れており、牛の寿命の長さにある。EUプロジェクトの枠組みによる別の分析では、リントホーフ方式の生乳生産を、標準的な舎飼いモデル農場の関連するすべての性能と環境への影響を記録し、比較している。その目的のために、２年間にわたって農場のすべての農地の収穫量、飼料の品質、温室効果ガスの排出量、栄養分の排出量を記録し、環境保全アセスメントの枠組みで評価している。調査を実施した年には、この比較対象の農場は牛群のパフォーマンスの点で最高レベルであった。搾乳量11,000kg/頭は、州内で最も生産性の高い10％の農場の一つであり、システム比較のための理想的な農場として牛専門の普及員が推奨したものであった。環境保全アセスメント（Reinsch et al. 2021）の結果は図10に示されている。

　この結果は、牛乳生産システムの多様化の必要性について説得的で

64

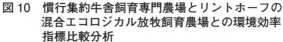

図10　慣行集約牛舎飼育専門農場とリントホーフの
　　　混合エコロジカル放牧飼育農場との環境効率
　　　指標比較分析

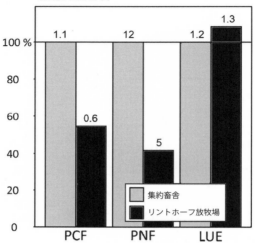

注）PCF＝CO₂フットプリント（標準生乳1kg当たりのCO₂換算値）、
　　PNF＝窒素フットプリント（標準生乳1kg当たりの窒素過剰）、
　　LUE＝標準生乳1kgの生産に要する農地面積㎡

ある。なぜなら、リントホーフの混合農場のアプローチによる環境効率の向上は、ほぼすべてのカテゴリーで確認できるからである。つまり、生乳1ℓ当たりの温室効果ガス排出量（マイナス40％）と窒素過剰量（マイナス55％）が大幅に減少し、生乳1ℓ当たりの土地所要量はわずかに（プラス8％）増えるだけである。なぜこれほどまでにはっきりしているのか。飼料生産（クローバ類）と混合農場の飼料生産における有機農業の集約度の組み合わせが、そうした結果の要因である。上記のように、クローバ類は排出量が最も少なく、飼料としての質も高いため、乳牛の生乳1ℓ当たりのメタン排出量が最も少ない理由でもあり、耕種と畜産の統合システム（英語で"Integrated Crop-

Livestock Systems" *ICLS*) の構成要素ともなっているのである。ICLSでは、農場の生乳生産部門で発生する炭素や窒素過剰分が、文字通りクローバ類の根に蓄えられ、農場の耕種部門に移動または「輸出」されることを保証している。つまり、これらの過剰分は環境に悪影響を与えず、農場の酪農部分の貸方となり、耕種部門はその後、これらの窒素量を換金作物（穀類）の収量形成に使用する。ところが専門化した農場では、逆に過剰分が蓄積され、原則として生産的には活かされず、環境汚染の増加につながる。最後に、1ℓの生乳生産のために必要な農地面積にほとんど差のないことも驚きである。その理由は、リントホーフ方式では、輸入濃厚飼料がわずかであるために潜在的な農地を輸入していないのに対し、専門化された標準牛舎では、牛1頭当たり年間3トン近い濃厚飼料によって、かなりの面積の農地を潜在的に輸入していることになるからである。このように農場内＋農場外という総必要農地面積を考慮することは比較システム分析にとって非常に重要であり、畜産の最優秀農場が自動的に農地を節約しているわけではないことを明らかにしている。この結果は、生産集約度の高い企業の代表者たちが共通して語るストーリーとは異なる。統合されたシステムの中で、有機基準に基づいて行われる生乳生産は、高いパフォーマンスレベルにあって、環境に優しいものである。

　そして、リントホーフ農場の統合システムにおいて、市場作物はどうであろうか。収量をハイレベルで安定化させるジレンマは、有機農業の枠組みの中で、飼料生産と市場作物生産を結びつけることである。年間の浸透水量が100mmを大幅に超える地域では、クローバ類の株や根に蓄積された窒素量が次の作物の収量形成に直接流入するようにし、次の冬の半年間に浸透水を介した窒素の損失を防ぐためには、クローバ類に続いて夏作を行う必要がある。クローバ類の最初の後作

では、クローバ類から次の作物への120kg N/haを超える窒素の移転が確保できる。すなわち、約6トン/haの施肥や農薬なしで、えん麦などを高収量で生産できる。

これも十分に環境効率は良いのだが、その後の古典的な市場作物である冬小麦やナタネでは、最大で50％以上の収量ギャップが生じ（Biernat et al. 2020）、有機農業を一定レベル以上に拡大することに疑問符がつく。そこで、有機協会のようにハイブリッドシステムを開発して認証することに意味があるのではないかという問題が出てくるのである。

ハイブリッドシステムは、有機的な要素と慣行農法の要素を組み合わせて、高い収量と環境性能を確保するシステムである。北ドイツの状況下で、有機農法の基準に従った耕地を50％（例：2倍のクローバ類＋オート麦）、慣行農法の基準に従った耕地を50％（冬小麦、冬ナタネ）、特別な「生物多様性エリア」を少なくとも10％部分的に統合した6輪作を行えば、現在政治レベルで議論されていること（EUグリーンディール、EUファーム・ツー・フォーク戦略、国の昆虫保護プログラムなど）の大部分を保証することができる。つまり、輪作の最初の部分での収穫量の損失は、輪作の2番目の部分での現金作物の追加収量によってほぼ補われる可能性が高い。この分野の研究にはニーズがあり、キール大学グループは現在、対応する数値を作成している。北部におけるこのアプローチの妥当性は、環境効率の高い生産が維持されるかぎり、排水された湿原を再び湿原にする必要があるという観点から、生乳生産の価値が国内に残るべきだという事実から生まれている。議論の流れとしては、専門化した耕種農業の赤字を、有機基準に近い飼料生産と生乳生産で補い、同時に換金作物では、従来の適度な集約度で高収量を確保するというものである。それは、冒頭

で述べたように、すべての専門農場が50年前のようにすべてをやり直
せということであろうか。そうではない。なぜならば、解決策は「仮
想的な混合農場」、それがアプローチになるだろう。その実施方法と
しては、近隣の換金作物専門農場と飼料専門農場が協力し、それぞれ
の労働力の専門性を維持しながら土地を共同利用する農場協力の意味
で、共通の作物輪作によるハイブリッドアプローチを共同で確立する。
これは、家族で働くことに慣れている多くの農場経営者の協同組合へ
の結合ではなく、農場の構造で考えることが当たり前のイメージに
とっては最初は難題を突きつけるものである。さらに、環境効率の高
い統合された農業システムへの変革を促進するには、政治的に賢明な
枠組み条件が必要である。これまでのように土地の所有権に対して財
政を配分するのではなく、もっぱら環境効率という意味での付加的な
サービスに報いるべきであるとする欧州共通農業政策は、その良い例
である。ドイツ景観管理協会（DVL 2020）の公共利益プレミアムモ
デルは、そのようなアプローチを提供する。この方式は、農業におけ
る高い環境基準（例：最適な窒素、リン酸のバランス）を備えた優れ
た専門的な「最良の実践」を評価するとともに、農業生産を超えた生
態系サービスの評価モデルを介して、農業生産のさまざまな要素とそ
れに対応する付加的なサービスの利益を評価するものである。このモ
デルは実施可能であり、科学者や専門家の間でも認知されているが、
これまでのところ、政治的プロセスにおける既成勢力の力に対抗でき
ていなかった。科学的な観点からも、この状況を変える必要がある。

結論

　現在の農業研究は、主に広義の技術の可能性、つまり精密農業が選
択できるかどうかに焦点を当てている。今、焦点となっているのは、

食料安全保障という一連の目標と、気候保護、水資源保護、動物福祉、生物多様性という保護目標の達成に貢献するものとして、戦術レベルでの精密農業、デジタル化、人工知能という選択肢である。これは、既存の専門化したシステムの構造の中で解決策を示すことができることを期待してのことである。これが成功するかどうかは疑問である。むしろ、上述したような戦略レベルでのより高いレベルの選択肢に注目すべきであって、畜産と耕種を生態学的強化の枠組みの中で再統合し、ハイブリッドなアプローチを構築することは、今後30年の間に農業を包括的に変革するための基本である。これには、フードシステムの変革に関連した疑問、すなわち、どのくらいの量の畜産を国内のどこにどのように配置すれば、同じように保全目標を達成し、農業企業が将来的に適切な投資を行えるような社会的コンセンサスを確保できるのかという疑問に対するまとまった答えが含まれる。

注

（1）Prof. Dr. Dr. h.c. Alois Heissenhuber（アイロス・ハイセンフーバー）
　　ミュンヘン工科大学農業生産資源経済学講座教授（1996〜2013年）
　　環境省農業委員会委員長（2016〜19年）
　　Prof. Dr. Friedhelm Taube（フリートヘルム・タウベ）
　　キール大学農業食料科学部・植物生産育種研究所・緑地・飼料・有機農業部門教授

著者略歴

河原林 孝由基（かわらばやし　たかゆき）
1963年　京都府京都市生まれ
㈱農林中金総合研究所主席研究員
北海道大学大学院農学院博士後期課程在籍中
主要著作：「ドイツ・バイエルン州にみる家族農業経営」村田武編『新自由主義グローバリズムと家族農業経営』筑波書房、2019年所収
『自然エネルギーと協同組合』(共編著) 筑波書房、2017年、
「原発災害による避難農家の再起と協同組合の役割―離農の悔しさをバネに「福島復興牧場」を建設へ―」協同組合研究誌「にじ」編集部企画『原発災害下での暮らしと仕事 生活・生業の取戻しの課題』筑波書房、2016年所収

村田 武（むらた たけし）
1942年　福岡県北九州市生まれ
金沢大学・九州大学名誉教授　博士（経済学）・博士（農学）
近著：『水田農業の活性化をめざす―西南暖地からの提言―』(共著) 筑波書房、2021年
『農民家族経営と「将来性のある農業」』筑波書房、2021年
『家族農業は「合理的農業の担い手」たりうるか』筑波書房、2020年
『新自由主義グローバリズムと家族農業経営』(編著) 筑波書房、2019年

筑波書房ブックレット　暮らしのなかの食と農　㊻

環境危機と求められる地域農業構造

2022年7月1日　第1版第1刷発行

著　者　　河原林 孝由基・村田 武
発行者　　鶴見治彦
発行所　　筑波書房
　　　　　東京都新宿区神楽坂2－16－5
　　　　　〒162－0825
　　　　　電話03（3267）8599
　　　　　郵便振替00150－3－39715
　　　　　http://www.tsukuba-shobo.co.jp

定価は表紙に示してあります

印刷／製本　平河工業社
© 2022 Printed in Japan
ISBN978-4-8119-0628-7 C0061